Svam

Grattis på
födelsedagen Lucy
& Martin
Nu kan vi äta svamp
varje dag.

Bo Nylén

SVAMPAR
I SKOG OCH MARK

prisma

Bokförlaget Prisma
Besöksadress: Tryckerigatan 4
Box 2052
10312 Stockholm
prisma@prismabok.se
www.prismabok.se

Bokförlaget Prisma ingår i
P. A. Norstedt & Söner AB,
grundat 1823

Bokförlaget Prisma, Stockholm
Första upplagan 1979
Nionde upplagan, andra tryckningen 2005
Omslag: Martin Heap Artwork
Foton: författaren
Teckningar: Nils Forshed
Tryckt hos Fälth & Hässler, Värnamo 2005
ISBN 91-518-4384-6

Förord

Skogen har i alla tider erbjudit stora möjligheter för människan att överleva. Där har hon jagat, samlat, tagit bränsle och byggnadsmaterial. I senare tid har skogen även fått stor betydelse för rekreation och friluftsliv. I vårt land ger allemansrätten möjlighet för var och en att fritt ströva i skog och mark och plocka bär och svamp. Intresset för svamp och svampplockning tycks glädjande nog vara ständigt stigande, men bristfälliga kunskaper ger hos många en överdriven rädsla för att plocka något annat än kantareller. Vad denna svampbok försöker skildra är i första hand så många av våra matsvampar som möjligt samt deras giftiga dubbelgångare.

Med kamerans hjälp i kombination med en text som bygger på väsentliga fakta presenteras arterna i sin rätta miljö, vilket är betydelsefullt inte minst för den ovane svampplockaren. Vidare skildrar boken de flesta vanliga och intressanta storsvampar som vandraren förr eller senare stöter på i skog och mark och kanske förundras över. Ett antal särskilt vackra, sällsynta arter har också medtagits, vilka förhoppningsvis skall stimulera naturintresserade läsare till vidare studier i svamparnas mångformiga värld.

De 428 färgfotografierna är utan undantag exponerade I naturligt ljus med avsikt att återge svamparnas rätta färger, eftersom färgen är synnerligen viktig vid bestämningen.

Svamparnas latinska namn har i största möjliga utsträckning anpassats till modern systematik, och den stora gruppen skivlingar (*Agaricales*) följer huvudsakligen Rolf Singers nomenklatur.

De svenska namnen har genomgått mycket obetydliga förändringar. I de fåtaliga fall där det gamla namnet utbytts mot ett nytt, enligt min bedömning mera användbart namn, har detta noggrant angetts i texten. En eller annan art, som tidigare haft endast latinskt namn, har också fått ett svenskt.

Denna bok tillägnas min vän och vördade läromästare, vårt lands förnämste mykolog, Nils Suber. Tillsammans med sin hustru Astrid har Nils varit en inspirationskälla, som generöst delat med sig av sina till synes outtömliga svamp- och naturkunskaper. Kontakten med Nils och Astrid, som inte nog kan värdesättas, har varit en absolut förutsättning för tillkomsten av denna bok. Mina vänner i Svenska Naturskyddsföreningen Åke Strid, Lars-Erik Kers, Gunnar Eriksson, Per-Erik Holmberg, Gösta Fåhræus, Else Guttman, Kenneth Bengtsson, Willy Larsson och Claes-Rune Johansson har aktivt medverkat till innehållet i boken. Ett varmt tack till er alla liksom till den stora skara naturintresserade kurs- och exkursionsdeltagare som haft vänligheten att bidra med värdefulla fynd och upplysningar.

Det är till sist min förhoppning att boken får sitt största värde som dokument över en liten del av den natur vars skönhet och mångformighet vi alla måste känna ansvar för och hjälpas åt att bevara.

Den femte upplagan av Svampar i skog och mark har kompletterats med nya rön avseende giftigheten hos stenmurkla. Dessutom har symbolerna för ätlighet resp giftighet ändrats hos några spindelskivlingsarter. Boken är i allt väsentligt en svampflora i tiden.

I den åttonde upplagan har några bilder bytts ut. En hel del namn har ändrats, liksom vissa uppgifter om utbredning, förekomst och ätlighet. Den nionde upplagan har ytterligare uppdaterats beträffande namn, utbredning och matvärden.

Bo Nylén

Inledning

Traditionellt har svamparna förts till de s k kryptogamerna eller lägre växterna, tillsammans med mossor, alger och lavar. Senare rön har dock visat att svamparna avviker så påtagligt från andra växter ifråga om uppbyggnad, växtsätt och fortplantning att det finns fog för att komplettera den sedvanliga indelningen i växt- och djurrike med ytterligare ett rike, nämligen svampriket.

Ordet svamp anses härstamma från det germanska ordet svampu. Orden mykologi, som betyder läran om svamp, och mykolog, som betyder svampkännare, kommer från det grekiska ordet för svamp, mykes.

Svamparna saknar klorofyll. De kan inte som t ex örterna bereda sin egen näring av koldioxid och vatten med hjälp av solljuset (fotosyntes), eftersom det gröna färgämnet (klorofyllet) är en förutsättning för denna process. För sin existens är svamparna alltså helt beroende av redan bildade näringsämnen. De kan ta sin näring från multnande växt- eller djurdelar, och benämns då saprofyter. De kan också ta näringen direkt från levande organismer, t ex träd, och kallas då parasiter.

Vad vi i dagligt tal kallar svamp är dess fruktkropp, dvs den del av svampen som är synlig och som vi plockar och äter. Den osynliga men kanske viktigaste delen av svampen kallas mycel. Svampmycelet består av mikroskopiskt tunna trådar, s k hyfer, som bildar ett rikt förgrenat nätverk i det översta jordlagret (förnan), i stubbar, träd eller annat organiskt material. Hos vissa arter, t ex honungsskivlingen, samlar sig hyferna till kraftigare, för ögat iakttagbara mycelsträngar, vilka kallas rhizomorfer. Cellväggarna innehåller hos svampmycelet ett kitinämne som inte finns hos gröna växter. Livslängden och utbredningen hos mycelet varierar avsevärt mellan olika arter. Det är inte sällan flerårigt och kan nå en utbredning av flera kvadratmeter. Trådarna i mycelet är av olika typer och kan, enkelt uttryckt, sägas vara olikkönade. När två trådar av olika "kön" sammansmälter, och de yttre omständigheterna så medger, bildas fruktkroppen.

Svampens spridning

Fruktkroppen har till uppgift att svara för artens spridning och producerar för detta ändamål sporer. Sporerna blir vanligen omkring 1/100 mm långa, men varierar i form, storlek och färg från art till art. Varje enskild svamp producerar enorma mängder, ibland hundratals miljoner, och sporerna sprids med vinden för att i lämplig miljö ge upphov till nya mycel.

Svamparnas betydelse

Svamparnas roll i det ekologiska systemet är avsevärd. Det finns arter som är anpassade till praktiskt taget all organisk levande och död materia på vår jord. Deras sporer förekommer överallt i vatten och luft och "gror" vid lämpliga betingelser.

En av svamparnas mera påtagliga uppgifter är att tillsammans med bakterier och smådjur, t ex kvalster och hoppstjärtar, bryta ned grenar, pinnar, löv och döda växter och djur till en finfördelad, kvävegödslad förna, ur vilken de gröna växterna kan hämta sin näring. Utan svamparnas aktivitet i detta avseende skulle våra skogar snart bli helt oframkomliga och till slut förkväva sig själva. En illustration på svamparnas kvävegödande effekt är de mörka, runda ringar som är allmänna i våra gräsmattor. Dessa härrör vanligen från den ätliga nejlikbroskskivlingen, vars mycel utvecklas radiärt. "Älvringen" vidgas från år till år, varvid gräset blir högre och grönare i ringens tillväxtzon pga den ökade kvävehalten.

En välkänd företeelse är den sk svamproten, eller mykorrhizan. Våra skogsträd och en stor del av växterna lever i samexistens – symbios – med vissa svampar. Svampens fina hyfer omger trädets rotspetsar och ett ömsesidigt näringsutbyte kan ske. Trädets rotsystem utökas genom det finare svampmycelet, varvid näringsupptagningen förbättras. Svampen erhåller från trädet de för sin uppbyggnad nödvändiga kolhydraterna.

Människans användning av svampar sker i olika former. Allt sedan antiken har svamp kontinuerligt tjänat som föda, och i våra dagar plockas och exporteras betydande mängder skogssvamp särskilt i Östeuropa och Finland, där den också ingår som en del i husmanskosten.

Industriell odling av matsvamp domineras hos oss av champinjoner, men även ostronmussling (*Pleurotus ostreatus*) produceras i betydande mängd. Frankrike är berömt för sin svarta tryffel (*Tuber melanosporum*), som odlas med bl a stenek (*Quercus ilex*) i landets södra delar. Japan har en avsevärd export av skivlingen "shiitake" (*Lentinula edodes*), vars mycel ympas in på genomfuktade stockar av ek och avenbok. I Kina odlas bl a judasöra (*Auricularia auricula-judae*), som även växer vilt hos oss. Jästsvamparnas (*Saccaromyces*) användning vid bakning och vintillverkning är välkänd, liksom vissa penselmögelsvampars

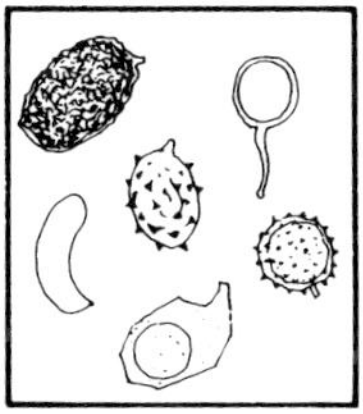

Olika typer av sporer i ca 700 ggr förstoring

Sporspridning och fruktkroppsutveckling hos en flugsvamp

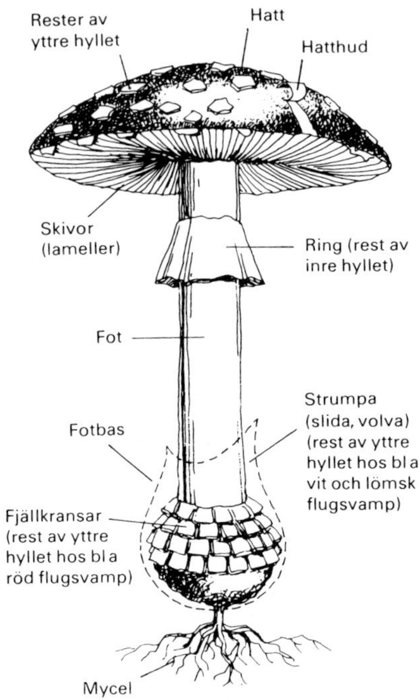

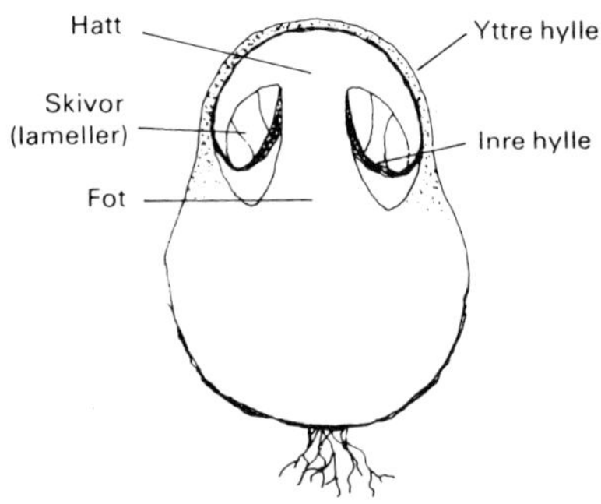

(*Penicillium*) utnyttjande för framställning av läkemedlet penicillin och dessertost.

Genom ensidiga jordbruks- och skogsbruksformer har människan skapat förutsättningar för massförökning av olika svamptyper. Rottickans (*Heterobasidion annosum*) angrepp på skogsplanteringar är liksom svartrostens (*Puccinia graminis*) härjningar i sädesfälten välbekanta företeelser. Även mjöldrygan (*Claviceps purpurea*) angriper sädesslag, främst råg, och kan orsaka förgiftningar. Potatis kan få kräftsvulster (*Synchytrium endobioticum*) och bladmögel (*Phytophthora infestans*), och plommonens pungsvamp (*Taphrina pruni*) samt den amerikanska krusbärsmjöldaggen (*Sphaerotheca mors-uvae*) är andra trädgårdsarter. Penselmögelsvampar (*Penicillium*) finns överallt och reducerar som bekant förr eller senare våra skafferiförråd.

Svampens byggnad

Fruktkroppen bildas som en liten knopp på mycelet och utvecklas olika beroende på arttillhörigheten. Den består av nästan exakt samma hyfer som mycelet, men i en tätare, vävliknande form.

Fruktkroppens utseende hos storsvamparna varierar avsevärt, från den komplicerade sammansättningen hos t ex en flugsvamp till den enkla, dynlika bildningen hos en slemsvamp, och utgör förutsättningen för svamparnas indelning i släkten och arter.

Låt oss se på uppbyggnaden hos en röd flugsvamp, som tillhör hattsvamparna (*Hymenomycetes*), underavdelningen skivlingar (*Agaricales*). Hela det unga svampanlaget omges av ett s k yttre hylle (*velum universale*). Vid svampens tillväxt brister detta och avsätts som vita "snöflingor" på hatten och som fjällkransar – hos andra arter en slida – kring foten. Det s k inre hyllet (*velum partiale*) täcker skivorna (lamellerna) och fäster vid hattkanten och foten. När hatten breder ut sig kvarstannar det inre hyllet som en ring kring foten. Hos t ex spindelskivlingarna avsätter inre hyllet trådar på fot och hattkant.

Schematisk bild av en skålsvamp i genomskärning med de fyllda sporsäckarna starkt förstorade

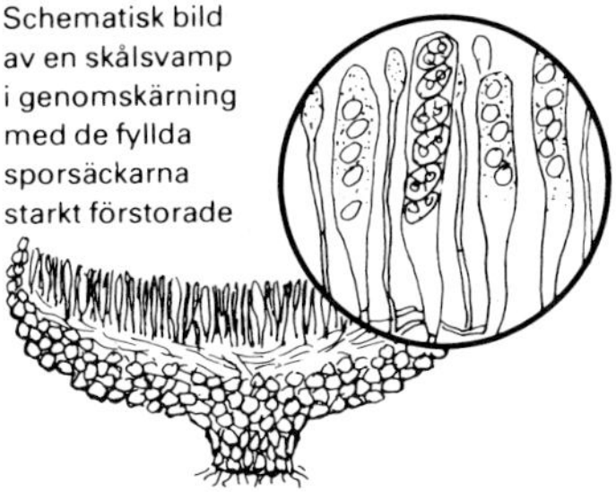

Basidier med sporer i stark förstoring

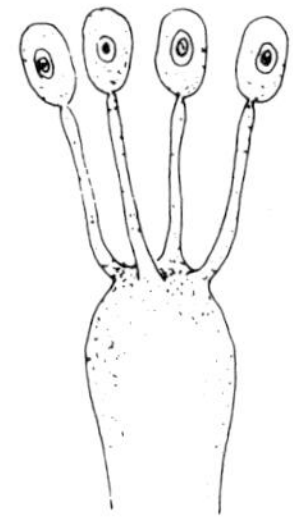

Svamparnas indelning

Inom det enorma svampriket finns mellan 50 000 och 100 000 olika arter identifierade, och säkerligen finns ett nästan lika stort antal kvar att upptäcka. De flesta av dessa arter är dock så små att de kräver studium i mikroskop för att kunna bestämmas. Av de svampar som kan iakttas och i många fall bestämmas med blotta ögat, dvs storsvampar, räknar man med att det i Sverige finns mellan 3 000 och 4 000 arter, varav drygt 400 behandlas i denna bok.

Storsvamparna indelas efter fruktkroppens – det sporbildande organets – uppbyggnad i två huvudgrupper: säcksvampar och basidiesvampar.

Säcksvamparna *(Ascomycetes)* bildar sina sporer i säck- eller blåslika, mikroskopiskt små kapslar, som öppnar sig vid sporspridningen.

Till gruppen säcksvampar hör
Tryffelsvampar *(Tuberales)*, som kan indelas i
Hjortsvampar *(Elaphomycetaceae)*
Äkta tryfflar *(Tuberaceae)*
Disksvampar *(Discomycetes)*, som kan indelas i
Skålsvampar *(Pezizaceae)*
Toppmurklor *(Morchella)*
Stenmurklor *(Gyromitra)*
Hattmurklor *(Helvella)*

Basidiesvamparna *(Basidiomycetes)* bildar sina sporer i mikroskopiskt små, knopplika utväxter, s k basidier, som utvecklas på fruktkroppens fertila (sporbärande) skikt

Till gruppen basidiesvampar hör
Buksvampar *(Gasteromycetes)*, som kan indelas i
Stinksvampar *(Phallus)*
Röksvampar (*Calvatia, Lycoperdon, Bovista*)
Jordstjärnor (*Geastrum*)
Rottryfflar (*Scleroderma*)
Hartryfflar (*Rhizopogon*)
Brödkorgsvampar (*Crucibulum, Cyathus*)
Hattsvampar (*Hymenomycetes*), som kan indelas i
Fingersvampar (*Clavariaceae*)
Taggsvampar (*Hydnaceae*)
Porsvampar (*Polyporaceae*)
Skivlingar (*Boletaceae, Agaricaceae*)

Slemsvamparna (*Myxomycetes*), av vilka två arter behandlas i boken, anses stå på gränsen mellan svamp- och djurriket, eftersom de bildar rörliga plasmakroppar, s k plasmodier, och svamplika sporstadier, s k sporangier.

Hur artbestäms en svamp?

Bokens omfattande fotografiska bildmaterial är givetvis en stor tillgång vid bestämningen av en svampart, och i uppenbara fall – t ex ärggrön kragskivling, mönjeskål och tulpanskål – kan en jämförelse ske direkt med bilden. I de flesta fall är dock denna metod otillräcklig, och man måste gå mera systematiskt till väga. Det viktigaste är att först avgöra vilken grupp svampen tillhör, varför det översiktliga bestämningsschemat på sid 12–13 kan vara till god hjälp. Är den potatislik som en tryffel, skållik som en skålsvamp eller av murkeltyp? Har den päronform som en röksvamp eller avrundad form som en äggsvamp? Är svampen busklikt förgrenad (fingersvamp) eller uppbyggd av tydlig hatt och fot? Har hattundersidan taggar (taggsvamp), rör (soppar, tickor), åsar (kantareller, trumpetsvampar) eller skivor (skivlingar)?

Om svampen är en skivling, kan det vara klokt att först bestämma sporfärgen. Det kan ofta räcka med att studera färgen på skivorna (lamellerna). Det säkraste sättet är dock att lägga svamphatten med skivorna nedåt så att ena halvan täcker ett mörkt, den andra ett ljust papper. Efter några timmar avtecknar sig de nedfallna sporerna på papperet som ekrar i ett cykelhjul.

Vita sporer har flugsvampar *(Amanita)*, klibbskivlingar *(Limacella)*, fjällskivlingar *(Lepiota)*, honungsskivling *(Armillaria)*, musseroner *(Tricholoma)*, nagelskivlingar (*Collybia*), hättor *(Mycena)*, broskskivlingar *(Marasmius)*, laxskivlingar *(Laccaria)*, trattskivlingar *(Clitocybe)*, navlingar *(Omphalina)*, musslingar *(Pleurotus)* samt vaxskivlingar *(Hygrophorus* m.fl.*)*.

Röda sporer har slidskivlingar *(Volvariella)*, sköldskivlingar *(Pluteus)*, rödskivlingar *(Entoloma)* samt mjölskivlingar *(Clitopilus)*.

Bruna sporer har tofsskivlingar *(Pholiota)*, fränskivlingar *(Hebeloma)*, spindelskivlingar *(Cortinarius)*, trådskivlingar *(Inocybe)* samt pluggskivlingar *(Paxillus)*.

Svarta sporer har champinjoner *(Agaricus)*, bläcksvampar *(Coprinus)*, kragskivlingar *(Stropharia)*, slöjskivlingar *(Hypholoma)* samt slemskivlingar *(Gomphidius)*.

Riskor *(Lactarius)* och kremlor *(Russula)* har varierande sporfärg. De karakteriseras bäst som skivlingar vars kött inte kan repas upp i sega tågor. Inbördes skiljs de åt genom att riskorna avger en saft vid brytning eller snitt, medan kremlorna har oföränderligt torrt kött.

Om skivlingen visar sig ha både ring och strumpa (slida) bör den eftersökas bland flugsvamparna *(Amanita)*. Har den enbart ring hör den hemma bland fjällskivlingar *(Macrolepiota, Lepiota)*, klibbskivlingar *(Limacella)*, honungsskivling *(Armillaria)*, tofsskivlingar *(Pholiota)*, champinjoner *(Agaricus)*, bläcksvampar *(Coprinus)*, kragskivlingar *(Stropharia)* eller eventuellt bland slemskivlingar *(Gomphidius)*.

Spindelvävsliknande trådar på fot och hattkant talar för att arten är en spindelskivling *(Cortinarius)*. Slidskivlingarna *(Volvariella)* saknar ring men har slida (strumpa) vid fotbasen.

När gruppen fastställts är det enklare att gå till bokens bilder och beskrivande text. Då tar man lämpligen först hänsyn till svampens färg och storlek samt dess form. Märk väl att en arts inbördes variationer beträffande utseende och dimensioner kan skifta avsevärt, och man måste ständigt ha den sk variationsbredden i åtanke.

Köttets färg är viktig liksom dess konsistens och eventuella mjölksaft. Lukten är ofta vägledande och känns tydligast på hattens undersida. Smaken bör kontrolleras: Man tuggar på en liten bit av svampen och *spottar noggrant ut allt efteråt*, men med största försiktighet, då flera arter är mycket giftiga.

Obs! Lukt och smak är synnerligen subjektiva och får aldrig bli avgörande för om en osäker art skall ätas eller enbart studeras.

Olika typer av skivor (lameller)

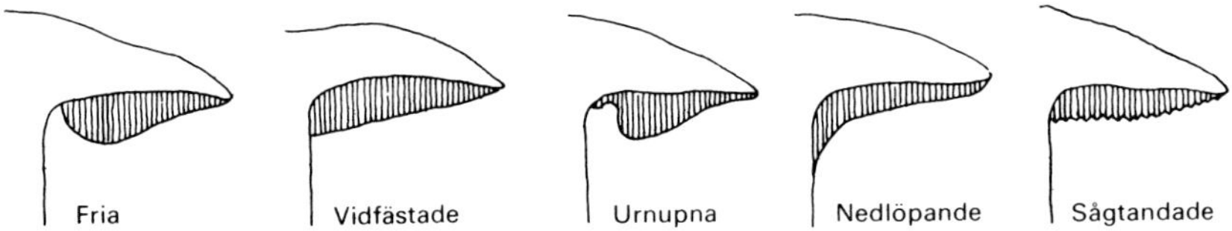

Olika hattformer

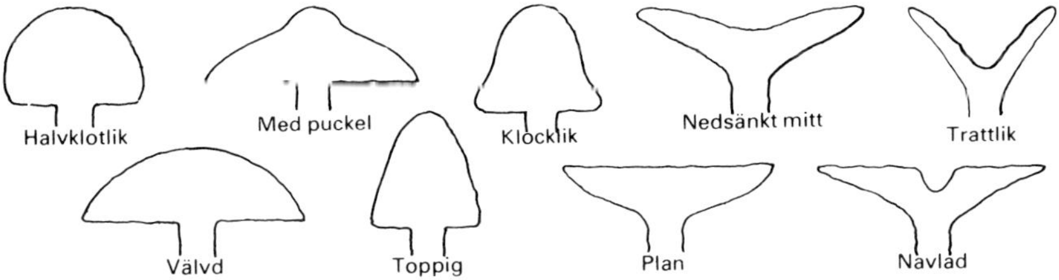

Väderleksförändringar kan ge ledtrådar, eftersom vissa svampar kan bli mycket slemmiga i väta eller glänsande i torrt väder. Växtmiljön – barr-, lövskog, ängsmark – bör noteras liksom växtplatsen – mossa, jord, stubbe etc. Växtsättet – enstaka, tuvat, i "häxringar" eller kroklinjer – är också betydelsefullt.

Vid mycket tveksamma fall bör svampen visas för en erfaren svampkännare eller sändas till Riksmuseum, alternativt någon botanisk institution för bestämning.

Bestämningsschema

SLEMSVAMPAR
Mjuka, slemmiga dyn- eller kuddformade, sid 19

SKÅLSVAMPAR
Fat- eller skållika, sid 20–27, 40

TOPPMURKLOR
Nät- eller cellmönster, vårsvampar,sid 34–36

STENMURKLOR
Täta, hjärnlika vindlingar, vårsvampar, sid 28–29

HATTMURKLOR
Fåtaliga, grova vindlingar, höstsvampar, sid 30–33

MURKLINGAR, JORDTUNGOR
Små, murkellika, sid 38–39

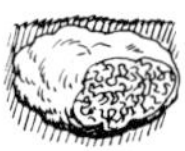
TRYFFLAR
Underjordiska, knöl- eller potatislika med invändig marmorering, sid 41

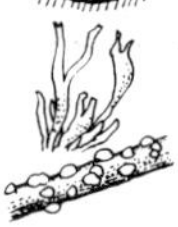
STUBBHORN, LÖVTRÄDSMÄSSLING
Sega, hårda, fågreniga eller dynlika, sid 41–42

GELÉSVAMPAR
Seg, geléartad konsistens, sid 40–45

RÖKSVAMPAR, ÄGGSVAMPAR
Päronformade eller ägglika med taggig, vårtig eller slät yta, sid 48–55

JORDSTJÄRNOR
Stjärnlikt uppsprucken fruktkropp, sid 56–60

ROTTRYFFLAR, HARTRYFFLAR
Växer synligt i markytan, potatis- eller knöllika, sid 61, 65

STINKSVAMPAR
Högfotade med murkellik topp, sid 46–47

BRÖDKORGSSVAMPAR
Små, tunna, skållika, sid 62

SKINN, VÅRTÖRA, BUSKSVAMP
Sega, läderartade, skinn- eller busklika, sid 63–64

TAGGSVAMPAR
Hatt med taggar på undersidan, sid 82–90

FINGERSVAMPAR
Busklikt, korallikt grenade eller klubblikt ogrenade, sid 65–75

BLOMKÅLSSVAMP
Korallikt gytter av platta, krusiga grenar, sid 68

KANTARELLER
Hattundersida med nedlöpande, grenade åsar, sid 75, 79–81

TRUMPETSVAMPAR
Slät, ådrad eller rynkad hattundersida, sid 76–78

TICKOR
Hattundersida med rör som är svåra att lossa, ingen markerad gräns mellan hatt och fot, många trädlevande arter, sid 90–112

OXTUNGSSVAMP
Inbördes fria rör på undersidan, trådigt vätskerikt kött, trädlevande, sid 113

SOPPAR
Hattundersida med rör som är lätta att lossa. Markerad gräns mellan hatt och fot, sid 114–132

SKIVLINGAR
Hattundersida med skivor (lameller)

A. Fotens kött *ej trådigt* utan sprött som hos t ex ett äpple:

1. KREMLOR
Torrt vätskelöst kött, hattar ofta i vackra pastellfärger, medelstora till stora arter, sid 305–334

2. RISKOR
Köttet avsöndrar *riklig saft*, vit, färgad eller vattenklar, medelstora till stora arter, sid 283–304

B. Fotens kött, *trådigt*, längsfibrigt, lätt att rispa upp:

a) Skivornas sporavtryck *vitt:*

1. FLUGSVAMPAR
Fot med *ring* och *strumpa*, medelstora till stora arter, sid 198–209

2. KLIBBSKIVLINGAR
Fot med *ring*, medelstora arter sid 210

3. HONUNGSSKIVLING
Fot med *ring*, medelstor art, gyttrad på trä, sid 176

4. FJÄLLSKIVLINGAR
Fot med *ring*, fjällig eller grynig hatt, sid 213–218

5. NAGELSKIVLINGAR
Små, till medelstora, *tunnköttiga*, sega arter, sid 160, 189–195

6. BROSKSKIVLINGAR
Små, tunna arter med *broskartad fot* och glesa skivor, sid 196–197

7. HÄTTOR
Små, *bräckliga*, tunna arter, sid 187–189

8. TRATTSKIVLINGAR
Medelstora till stora arter med *nedlöpande*, täta skivor, sid 180–187

9. MUSSERONER
Medelstora till stora köttiga arter med *urnupna*, täta skivor, sid 152–175

10. MUSSLINGAR
Medelstora, stora arter som *växer på träd*, sid 138–140

11. LAXSKIVLINGAR
Tunnköttiga, små till medelstora arter med glesa, *rosa* eller violetta skivor, sid 177–178

12. VAXSKIVLINGAR
Nedlöpande eller vidvuxna, *tjocka, glesa, vaxartade* skivor, ofta bjärt färgade, sid 141–151

b) Skivornas sporavtryck *rödaktigt:*

1. MJÖLSKIVLINGAR
Medelstor art med långt *nedlöpande* skivor och stark *mjöllukt*, sid 281

2. RÖDSKIVLINGAR
Små till medelstora arter (Obs! Bolmörtsskivlingen är stor) med *urnupna* eller vidvuxna skivor, sid 282–283

3. SKÖLDSKIVLINGAR
Små till medelstora arter, *växer ofta på trä*, sid 212

4. SLIDSKIVLINGAR
Små till medelstora arter med *slida* vid fotbasen, sid 211

c) Skivornas sporavtryck *brunaktigt:*

1. FRÄNSKIVLINGAR
Små till medelstora arter med ofta *frän, rättikartad* lukt, sid 249

2. TRÅDSKIVLINGAR
Övervägande små arter med invuxet *trådig* hatt, sid 250–253

3. SPINDELSKIVLINGAR
Små, medelstora, stora arter med *spindelvävslika trådar* på hattkant och fot, sid 253–280

4. BITTERSKIVLINGAR
Små till medelstora tuvade arter med *bitter smak*, sid 243–246

5. HÄTTINGAR (HJÄLMSKIVLINGAR)
Små, tunna arter med glatt, *parasollik hatt*, ibland med ring, sid 246

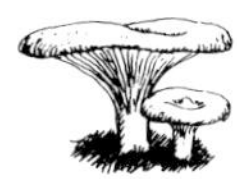

6. PLUGGSKIVLINGAR
Medelstora till stora, köttiga arter med långt nedlöpande skivor som blir *brunfläckiga* vid tumning, sid 136–137

7. TOFSSKIVLINGAR
Medelstora till stora arter med *ring* och *fjällig hatt*, sid 241–243, 247–248

8. SLÖJSKIVLINGAR
Små till medelstora arter med *trådlika hyllerester på hatt*kant och fot, ofta tuvade på trä, sid 238–239

9. CHAMPINJONER
Medelstora till stora arter med oftast *väl utvecklad ring* på foten, sid 219–229

d) Skivornas sporavtryck *violettbrunt* eller *svartbrunt:*

1. SPRÖDSKIVLINGAR
Medelstora, bräckliga arter med *hyllerester på hattkanten*, sid 236–237

2. KRAGSKIVLINGAR
Medelstora arter med *ring* på foten, sid 234–235

e) Skivornas sporavtryck *svart:*

1. BLÄCKSVAMPAR
Små till medelstora förgängliga arter som snabbt sönderfaller i en *bläckliknande* vätska, sid 230–233

2. SLEMSKIVLINGAR
Medelstora arter med *slemmig hatthud* och tjocka, glesa nedlöpande skivor, sid 132–135

Hur plockas svamp?

Svamp plockas först och främst i en riktig korg! Där ligger svamparna luftigt och håller sig fräscha. I plastpåsar och täta väskor av olika slag klibbar svamparna – i synnerhet vid fuktig väderlek – samman, angrips av mögelsvampar och blir snabbt oätliga.

I utrustningen bör även ingå renskniv, en utförlig svampbok, matsäck samt – om trakten är okänd för plockaren – karta och kompass.

Svampen bör tas upp så oskadad som möjligt för att samtliga kännetecken skall finnas kvar vid bestämningen. Vricka först på svampen och vrid därefter försiktigt upp den. Skär aldrig av svampen med kniv! Fotbasen sitter då kvar i marken och kan i sämsta fall dölja en strumpa, ett viktigt kännetecken som visar att arten kan vara en giftig flugsvamp.

Vilka svampar bör plockas?

Plocka endast friska, väl utvecklade exemplar. Äldre svampar kan vara rent giftiga om de kommit i förruttnelsestadium. Låt dessa stå kvar som sporproducenter! Mycket små knopplika svampanlag bör heller inte plockas. Dessa är svåra att artbestämma och bör få utvecklas i fred till fullvuxna exemplar. Misstänkt giftiga eller särskilt intressanta arter bör läggas i ett särskilt fack i korgen för bestämning under matrasten eller vid hemkomsten.

Att ge sig ut i svampskogen för att plocka enbart kantareller kan vara nog så prövande. Även om svampen är allmän, krävs ofta erfarenhet och lokalkännedom för att hitta "de rätta ställena", och skörden kan bli ganska mager. Ett av syftena med denna bok är att bredda den ovane svampplockarens register, och följande råd kan ges.

Börja gärna med att plocka soppar! Karljohanssvamp, strävsoppar, smörsopp m fl är utmärkta matsvampar, som vanligen ger riklig skörd, i vilken några kantareller kan ge en angenäm kryddtillsats. Undvik dock soppar med rödaktiga rörmynningar – dessa är mer eller mindre sällsynta – samt gall- och pepparsopp, vilka lätt bestäms på den skarpa smaken.

Kremlor är ofta fina matsvampar, vars ätlighet man utan undantag kan avgöra på smaken. En milt smakande kremla är ätlig, en skarpt smakande oätlig. De läckra blodriskorna känns strax igen på sin rikliga morotsröda saft. Trattkantareller och trumpetsvampar är delikata och lättbestämda liksom den bleka taggsvampen, för att inte tala om stolt fjällskivling. Champinjonerna hör till våra läckraste matsvampar men måste noggrant skiljas från den vita flugsvampen (se resp artbeskrivning). Vid plockning av trattskivlingar och musseroner bör man hålla i minnet att den snarlika giftiga bolmörtskivlingen har urnupna skivor och röda sporer.

Blåmusseronen, vars sällsynt vackra färg och goda smak lockar många plockare, skiljs bäst från sina oätliga dubbelgångare bland spindelskivlingarna genom avsaknaden av de senares spindelvävslika trådar på fot och hattkant.

Stenmurklan är läcker men synnerligen giftig och måste kokas av (förvällas) 8–10 minuter flera gånger även efter långtidstorkning. Trots avkokning och torkning stannar en del av giftet kvar i stenmurklan tillsammans med vissa cancerogena och fertilitetshämmande substanser. Man bör därför generellt avråda från konsumtion av stenmurkla, särskilt i större mängder. Avkokning rekommenderas även för övriga murkelarter.

Först som sist måste inpräntas regeln: ät aldrig en svamp som inte med säkerhet kan artbestämmas!

Var plockas svamp?

Åtskilliga plockare har med fog ställt frågan var de flesta och bästa svamparna växer. Ätliga arter kan påträffas i flertalet av våra naturtyper. I betesmarker växer champinjoner, liksom under gamla granar i djup barrskog. Den mullrika lövskogen hyser bl a blek kantarell och finluden stensopp, och i den till synes magra hällmarkstallskogen kan vanlig kantarell trivas tillsammans med ett flertal goda soppar och kremlor. Slutsatsen bör bli att blandskogar med olika barr- och lövträd, fuktiga och torra partier utgör en slags kombination av våra varierande naturtyper och följaktligen bör betraktas som de bästa svampmarkerna.

Värme och fuktighet har stor betydelse för svamptillgången. Regniga år kan svamparna dyka upp litet varstans, medan de under torrår får eftersökas i fuktigare terräng.

Generellt måste dock framhållas betydelsen av skogens skötsel. Den gamla, kontinuerligt blädade (gallrade) skogstypen ger de största svampskördarna och den mest varierade svampfloran, bortsett från ren urskog, som numera nästan helt saknas. Hänsynslösa ingrepp med stora skogsbruksmaskiner och tillhörande kalhyggen förstör svampfloran liksom andra naturkvaliteter för många år framåt. Kvar blir bara trivial miljö för enstaka plugg- och laxskivlingar. Förhoppningsvis kommer ett ökat svampintresse hos allmänheten att bidra till att mildra skogsbrukets krav på ensidig markanvändning.

När plockas svamp?

Milda vintrar gör det möjligt att plocka ätlig svamp året om, åtminstone i Syd- och Mellansverige. En töig nyårsdag kan erbjuda fina vinternagelskivlingar på någon lövträdsstubbe. Under januari–februari växer vårnagelskivlingar och vårtrattskivlingar i solexponerade skogsgläntor, och i skiftet mars–april gläds man åt den första stenmurklan. I gullvivornas maj kommer vårmusseronerna i vackra älvringar, och samtidigt skjuter de första toppmurklorna upp sina mössor. Juni och juli kan bjuda på nejlikbroskskivling och snöbollschampinjoner i näringsrika gräsmarker, och under hassel eller ek påträffas de första bleka kantarellerna och finluden stensopp. I augusti–september har det stora flertalet av våra arter sin högsäsong och ger svampplockaren de största och mest varierade skördarna. Oktober–november är växttid för blå- och höstmusseron, pudrad trattskivling och trattkantarell, liksom för blek taggsvamp och streckmusseron, vilka sluter cirkeln genom att här och var kunna plockas ända fram till nyår.

Hur tillagas och förvaras svampen?

Nyplockad svamp bibehåller endast en kort tid sin fräschhet och bör därför rensas och förvaringsberedas omedelbart vid hemkomsten från en utflykt. Rensningen sker bäst med en vanlig kniv, gärna i kombination med en borste. Behåll så mycket som möjligt av svampen och tag inte annat än undantagsvis bort rör eller skivor. Barr, jorddelar och larvangripna partier avlägsnas, och svampen styckas i lagom stora bitar. Skölj aldrig svampen! Dess fina smakämnen är vattenlösliga, och väl blötlagd svamp förlorar nästan helt sin arom.

Stekning av svamp är en enkel och bra tillagningsmetod. Den rensade och styckade svampen läggs i en stekpanna eller kastrull, varefter den värms till dess vattnet i svampen ångat bort. (I detta tillstånd är svampen klar för långtidsförvaring.) För fortsatt tillagning behövs litet smör (margarin eller olja) samt salt och peppar efter önskemål. Svampen kan sedan ätas direkt eller vidare beredas till stuvning, såser, soppor osv.

Avkokning (*förvällning*) av svamp måste göras med bl a stenmurklor, vissa skarpa riskor samt lämpligen med pudrad trattskivling och övriga murklor. En kastrull fylls till hälften med kallt vatten, i vilken den styckade svampen läggs. Kastrullen värms sedan upp och vattnet får sjuda i 8–10 minuter, varefter det slås bort genom ett durkslag. Svampen är nu färdig för vidare tillagning. Obs! Hos stenmurkla stannar en del av giftet kvar i svampen trots flera avkokningar.

Förvaringen av svamp kan ske genom torkning, frysning, konservering, insaltning eller inläggning.

Torkning bibehåller svampens arom effektivt och är en både enkel och trevlig metod. Svamparna kan träs upp på trådar eller läggas på luftiga såll och bringas att torka på någon

luftig plats, t ex i köket. Torkad svamp kan sedan förvaras i glasburkar och användas under ett par år. Utmärkta torkningsarter är murklor, trattkantareller, trumpetsvampar, Karl-Johan, stolt fjällskivling m fl.
Obs! Hos stenmurklan kvarstår en del av giftet i svampen även efter långtidstorkning.

Djupfrysning är ett annat enkelt och effektivt förvaringssätt. Svampen styckas och värms i en stekpanna eller kastrull, varvid en stor del av svampens vätska får ånga bort. Den kvarvarande vätskan, den s k svampbuljongen, får svalna och fryses in tillsammans med svampen. Använd helst inte något matfett vid stekning före infrysning. Har man plats kan svampen även frysas i färskt tillstånd.

Konservering. Svampen steks med litet salt i sitt eget spad, får svalna och fylls sedan på rena, kalla glasburkar till 4/5 av burkens volym. Lock sätts på och burkarna steriliseras under 1 timme i 100° temperatur, varefter svampen är klar för långtidsförvaring.

Insaltning praktiseras allmänt i Finland och Östeuropa. 100 g grovt salt är lagom för 1 kg svamp. Svampen varvas antingen avkokad eller i färskt tillstånd med grovsaltet i kruka eller något annat lämpligt kärl. Saltet drar ur svampens vätska och bildar en lag. Lagen bör täcka hela svampmängden, vilket åstadkommes genom att svampen pressas samman av t ex en tallrik med en tyngd ovanpå. När svampen skall användas kramas den ur, sköljs väl och läggs i dubbla volymen vatten under 1/2 dygn. Den är sedan klar att tillagas som vanligt. Vissa skarpa riskor, t ex skogsriska och skäggriska, är utmärkta insaltningssvampar. Genom urlakningsproceduren minskar dock närings- och smakvärdet hos saltad svamp.

Inläggning i marinad kan vara synnerligen läcker. Såväl färsk som avkokad svamp kan användas, vilken läggs i glasburkar. Het ättika eller vinättika slås över, och den inlagda svampen kan med fördel ätas som pickels. Marinerade Karl-Johan är en ren delikatess.

En gyllene regel vid all form av svamptillagning är att om möjligt inte blanda starksmakande arter, eftersom aromerna "tar ut varandra". Sådana arter är champinjoner, stolt fjällskivling, kantarell, pudrad trattskivling, blod- och mandelriska, nejlikbroskskivling och vårmusseron. Dessa bör i stället blandas med mildare arter som soppar, blek taggsvamp, fårticka eller trattkantarell, vilka tar smak av de starksmakande arterna i lagom dos.
Man är numera ense om att svampar ifråga

Vilket näringsvärde har svamp?

Näringsämnen i procent hos svamp och några andra livsmedel

	Protein	Kol-hydrater	Mineral-ämnen	Fett	Vatten
Champinjoner	3,6	3	1	0,2	90
Kantareller	1,3	5	1,2	0,4	90
Karl-Johan	5,4	5,2	1	0,4	87
Karl-Johan (torkad)	35,9	34,5	6,4	2,7	12
Vitkål	1,5	4,2	1,9	0,1	92
Gurka	–	1	0,4	–	98
Spenat	1,4	1,9	1,9	–	93
Mjölk	3,5	4,8	0,7	3,7	87
Kött	21	0,5	1	5,5	72

om näringsvärde väl kan jämställas med bra grönsaker. De innehåller ofta mer proteiner och kolhydrater än dessa och avsevärda mängder viktiga mineraler. Ett stort mättnads- och kryddvärde bidrar ytterligare till svamparnas konkurrenskraft som föda.

Gifter i svamp

Fruktan för giftiga arter är naturligtvis den främsta orsaken till att många människor varken äter eller plockar svamp. De flesta av våra svampgrupper hyser åtminstone någon eller några giftiga arter, vilka dock inte alltid behöver vara farliga.

Inom släktet flugsvampar (*Amanita*) finns emellertid våra två giftigaste arter och ett flertal ganska giftiga. Vit flugsvamp (*Amanita virosa*) och lömsk flugsvamp (*Amanita phalloides*) – se resp artbeskrivning – har tillsammans svarat för huvudparten av de dödsfall och svåra förgiftningar som förekommit i Europa. Båda arterna innehåller samma gifter och ger likartade symtom. De aktiva gifterna amanitin och phalloidin, vilka är sammansatta av olika toxiner, ger svåra skador på levercellerna, liksom på njurarna och hela matsmältningsapparaten. Det lömska i förloppet ligger dels i att symtomen kan visa sig först efter 8–24 timmar, dels i att den förgiftade personen i många fall inte överlevt trots tillfälliga perioder av förbättring.

Färska stenmurklor innehåller ämnet gyromitrin, som orsakat svåra förgiftningsfall, ibland med dödlig utgång. Murklorna måste kokas av (förvällas) 8–10 minuter även om de långtidstorkats. Trots flera avkokningar – vattnet slås bort varje gång – stannar en del av giftet kvar i stenmurklan tillsammans med några substanser som har cancerframkallande och reproduktionshämmande effekt.

En stark varning utdelas för den toppiga giftspindelskivlingen (*Cortinarius rubellus*) som blivit allt vanligare till följd av försurningsprocesser i våra skogar. Den innehåller liksom den närstående arten orangebrun giftspindelskivling (*Cortinarius orellanus*) ämnet orellanin och har orsakat dödsfall och svåra njurskador. Sjukdomsförloppet är smygande liksom hos de giftigaste flugsvamparna. Mycket farliga anses även svavelspindelskivling (*Cortinarius splendens*), bolmörtsskivling (*Entoloma lividum*) och tegelröd trådskivling (*Inocybe erubescens*) vara.

Den röda flugsvampen innehåller gifterna muskarin och atropin och kan ge ett berusningstillstånd med hallucinationer, något som lär ha utnyttjats av vissa folkstammar. Panterflugsvampen åstadkommer en kraftig atropinförgiftning med kramper, hjärtklappning och vidgade pupiller som följd.

De flesta trådskivlingar är mer eller mindre giftiga och innehåller bl a ämnet muskarin. Till de arter som bör undvikas hör även pluggskivling, karbolchampinjon, små vita trattskivlingar samt skarpa eller bittra kremlor. Den grå bläcksvampen innehåller ett antabusliknande ämne (coprin) och får aldrig ätas i samband med alkoholförtäring.

Vissa arter av släktena slätskivlingar (*Psilocybe*), broskskivlingar (*Panaeolus*), kragskivlingar (*Stropharia*) och hättingar eller hjälmskivlingar (*Galerina*) har visat sig innehålla såväl hallucinogena som rent giftiga ämnen och bör givetvis inte användas. Gifthättingen eller dadelbruna hjälmskivlingen † (*Galerina marginata*) är särskilt förrädisk, eftersom den liknar den ätliga föränderliga tofsskivlingen ** (*Pholiota mutabilis*) både till utseende och växtsätt. Arten innehåller inte oväsentliga halter av amatoxiner, vilka finns hos bl a vit flugsvamp, och har orsakat förgiftningsfall. God erfarenhet av båda arterna krävs för säker bestämning.

Tänk på att svamp även tar upp gifter. Undvik alltså svampar som vuxit nära trafikleder eller nybesprutad skogsmark! Ett speciellt problem utgör den giftiga tungmetallen kadmium av vilken gulnande champinjoner, dvs kungschampinjoner och snöbollschampinjoner, har visat sig innehålla höga doser. Eftersom kadmium bryts ned mycket långsamt i kroppen bör viss restriktivitet iakttagas vid förtäring av gulnande champinjoner, även om anrikningsgraden i människokroppen av "svampkadmium" ännu inte helt kartlagts. Man måste dock hålla i minnet att champinjonerna i alla tider haft denna egenskap medan vi själva drastiskt utökat vårt dagliga kadmiumintag via t ex vetebröd till följd av intensifierad konstgödsling.

Åtgärder vid akut förgiftning: försök framkalla kräkning genom att stoppa in fingrar i halsen och uppsök omedelbart sjukhus!

Än en gång: ät aldrig en svamp som inte med säkerhet kan artbestämmas!

Svamparnas underbara rike är ingen isolerad företeelse i naturen. Liksom alla andra livsformer är svamparna viktiga länkar i den ekologiska kedja som utgör grunden för människans egen existens. Som levande organismer är de känsliga för människans förgiftningar och ohämmade exploatering av skog och mark.

Svenska Naturskyddsföreningen och dess ungdomsorganisation Fältbiologerna med kretsar och klubbar över hela vårt land har i samarbete med Naturhistoriska Riksmuseet, svampklubbar och kommunala hälsovårdsnämnder startat svampinformation för allmänheten med årliga utställningar, kurser, vandringar och föredrag. Där förenas svampkunskap med ansvar för vår natur och livsmiljö.

Lycka till i skog och mark!

Bo Nylén

Teckenförklaring

★ ★ ★	Läcker
★ ★ ★ (†)	Läcker men sannolikt giftig
★ ★	God
(★ ★)	God efter avkokning (förvällning)
† (★ ★)	God efter avkokning (förvällning), annars giftig
★	Ätlig
(★)	Ätlig efter avkokning (förvällning)
o	Utan matvärde, oätlig
(†)	Osäker, misstänkt giftig
†	Giftig
† †	Dödligt giftig
††(†)	Något giftig efter avkokning (förvällning), annars dödligt giftig

Vargmjölk °

Lycogala epidendron

Denna art tillhör släktet slemsvampar. Slemsvamparna bekläder ofta multnande organiskt material med sina mjukt dynformiga fruktkroppar.

Vargmjölken uppmärksammas vanligen som centimeterbreda, halvklotformade kuddar, vilka som unga är vackert korallröda, som äldre blåröda och slutligen gråbruna. Svampens sporer är rödaktiga. Arten saknar trots sitt fängslande namn allt matvärde. Den förekommer allmänt under sommar och höst på multnande stubbar eller ved.

Trollsmör °

Fuligo septica

Trollsmöret är en annan slemsvamp, vilken uppträder först som gulvita, sedan som klargula dynor på gamla stubbar eller vedklabbar. Svampen får slutligen brunviolett färg. Storleken varierar mellan 5 och 20 cm och hela svampen omges av ett tunt hölje. Sporerna blir vid mognaden svartvioletta. Trollsmör är en tämligen allmän sommar- och höstsvamp. Oätlig.

Jordspott ° (*Mucilago spongiosa*) är en vitgrå släkting som breder ut sig på gräs och mossa. Tämligen allmän sommar och höst. Oätlig.

Haröra, stort haröra *

Otidea onotica

Harörat tillhör gruppen egentliga skålsvampar, som omfattar mer eller mindre skållikt utbredda arter med svagt utvecklad fot.

Denna höga, uppåt vidgade, snedvuxna skålsvamp kan likna ett haröra. Färgen är invändigt gul till gulröd, något stötande i rosa. Utvändigt är svampen ljusare och lätt grynig. Fullt utvuxet når harörat decimeterhöjd. Smaken är liksom lukten mild, men svampen är snarare prydlig än ätlig. I augusti–september finner man den tämligen allmänt i små, täta gyttringar i löv- och blandskog.

Snäckskål ° (*O. cochleata*) är en mera lågvuxen släkting till föregående. Den uppvisar en blekbrun till lädergul färg och återfinns företrädesvis i täta grupper bland gräs på fuktig, kalkrik jord i lövskog.

Snäckskålen saknar matvärde och växer mindre allmänt under augusti–oktober.

Scharlakansröd vårskål °

Sarcoscypha coccinea

En av våra grannaste skålsvampsarter. Disken, dvs skålsvampens insida, blir lysande scharlakansröd till mönjeröd. Fullt utbredd får svampen vacker skålform och en ansenlig diameter av 4–6 cm. Den jämna kanten är ofta något inåtböjd, varvid även skålens gräddvita, fint filthåriga utsida framträder. Den tämligen köttiga svampen har en smal men tydlig, centimeterhög fot. Lukt och smak är föga framträdande.

Svampen saknar allt matvärde men är inte desto mindre intressant. Den visar sig vanligen efter snösmältningen, och under april–maj kan man ha turen att träffa på den prydliga arten. Den förekommer i södra och mellersta Sveriges ädla lövlundar och lövängar. Svampen väljer gärna mark som översilats av smältvatten, där dess tunna fot utgår från någon multnande lövträdsgren, som med bibehållen fuktighet inbäddats i moig förna. På grund av sin sällsynthet är svampen, liksom i synnerhet dess växtplats, värd att skyddas.

Tulpanskål, °
tulpansvamp

Microstoma protractum

Denna art hör till undren i vår mångformiga svampflora. Skålen är färgad i klarrött till mönjerött och blir bara 1 cm bred. Den är i början kupat skållik men spricker snart upp till en stjärnlik, öppnad "blomkalk" med 5–10 vackert utslagna "kronflikar".

Svampen har en 5 cm lång, smal stjälk, som är fint blekvitt pudrad. Under mild senhöst eller tidig vår kan täta tuvor av denna art bryta fram ur gräsvallen intill en upptrampad stig. Svampen erinrar då om en bukett näpna docktulpaner, som emellertid inte får plockas utan bara beundras. Tulpanskålen är naturligtvis alldeles för sällsynt och vacker för att ens nämnas i samband med ordet "ätlighet".

Arten har sin utbredning i norra och mellersta delarna av vårt land, där den endast med svårighet eller med litet tur kan upptäckas i gräsrik lövskogsförna under mars–maj eller november–december. En skyddsvärd och säkert förbisedd art.

Mönjeskål, *
brandgul skålsvamp
Aleuria aurantia

Mönjeskålen har en lysande orangeröd till mönjeröd inre skålyta (disk). Utsidan är ofta något blekare färgad, fint vithårig och svagt grynig. Formen är mer eller mindre djupt skållik, och svampen får ibland buktad, inböjd och något uppsprucken kant. Den blir 3–10 cm bred. Skålen saknar fot och fäster direkt på underlaget.

Köttet är tunt och har mild lukt och smak. Svampen är sannolikt ätlig, men dess prydnadsvärde överträffar med bred marginal dess värde som matsvamp, varför den bör få växa i fred. Mönjeskålen växer tämligen allmänt, lokalt i rikliga bestånd, vid kanten av sandiga eller grusiga vägar. Den uppträder såväl enstaka som i täta gyttringar; i sistnämnda fall får den en mera oregelbunden, hoptryckt form. Under augusti oktober kan man ofta ha turen att stöta på denna vackra skålsvamp.

Gul rotskål °

Sowerbyella imperialis

Skålens insida är liksom dess utsida helt och hållet lysande äggul eller citrongul. Formen är först oregelbundet skållik, varefter kanten blir utvikt och skålen till slut nästan utbredd. Den är invändigt tydligt rynkad eller fårad och blir 3–6 cm bred.

Svampen har en väl utvecklad fot, som är svagt rotlikt förlängd och dold i markförnan. Det gula köttet saknar utpräglad lukt och smak. Gul rotskål är oätlig. Den är sällsynt och växer i kalkrik barr- och lövskog under september–oktober. Blek rotskål (*S. radiculata*) är blekgul och har lång, rotlikt förlängd fot.

Sandskål °

Geopora arenicola

Denna egendomliga svamp visar sig bara som ett hål i sanden, förvillande lik ett grävhål av någon insekt. Befriad från omgivande förna uppvisar svampen bägarlik form med en blekgul, ojämnt buktad inre skålyta och en brunhårig utsida, vars långa borst vävts in i den omgivande jorden. Mynningen är 1–2 cm bred och ofta något flikig. Arten saknar matvärde.

Med en gnutta tur finner man sandskålen under september–oktober i sandgångar och grustagsbottnar, där den ibland kan uppträda i kolonier.

Utbredd skålsvamp, ° flatskål

Peziza repanda

Utbredd skålsvamp är något oval till formen och blir 3–10 cm på längden, 2–5 cm på bredden. Den har nötbrun till gulbrun inre skålyta. Utsidan är ljusare färgad och fint mjölig. Skålkanten är uppåtstående och ibland något inrullad och blir ofta intryckt från ena sidan. Foten är svagt utvecklad och saknas vanligen helt.

Utbredd skålsvamp växer tämligen allmänt i lövskog bland annat på murkna stubbar och grenar under augusti–oktober.

Arten saknar matvärde.

Brunskål (*)

Peziza badia

Insidan av skålen är mörkbrun, oliv- eller svartbrun, medan utsidan mera går i brunrött. Skålen, vars form är ganska variabel, blir 2–6 cm bred, förhållandevis djup och får vanligen ojämnt veckad kant. Svampen saknar fot och växer direkt på underlaget. Köttet är mjukt och saftigt med mild lukt och smak. Arten kan möjligen ätas efter avkokning.

Brunskålen är allmän och växer såväl enstaka som i tätare gyttringar. Den påträffas både ofta och rikligt längs sand och grusvägar i barrskog under augusti–september.

Svart vårskål °

Pseudoplectania nigrella

Svart vårskål blir 1–3 cm bred. Fruktkroppen är ganska låg och har tydligt inrullad kant. Skålens inre yta är glänsande becksvart och ser ut att vara lackerad. Den kan emellanåt spricka upp, så att det vita köttet blottas. Utsidan är mörkbrunt till svartbrunt filtluden. Svampen har en antydan till fot, som dock vanligen saknas helt, varvid skålen vilar direkt på underlaget.

Arten, som saknar matvärde, växer fram efter snösmältningen i mars–april och förekommer mindre allmänt på mosstäcket i gammal barrskog, främst granskog.

Kotteskål °

Piceomphale bulgarioides

Denna märkliga skålsvamp uppträder på våren strax efter snösmältningen, när marken ännu är fuktig. Skålen är svart med något olivgrön skiftning, grunt skållik till platt och knappt centimeterbred. Foten är något ljusare, kort och smal.

Svampen utvecklas på nedfallna, delvis övervuxna grankottar. Skålarna bryter fram mellan kottefjällen i avsevärda mängder, och döljer snart hela kotten. Arten saknar allt matvärde. Kotteskålen förekommer mindre allmänt i tät granskog med mossig förna.

Kronskål °

Sarcosphaera crassa (S. coronaria)

Unga exemplar av kronskål påträffas i eller under markytan i form av vitaktiga, 5–7 cm stora klot med en stjärnlikt formad mynning. Svampen spricker med tiden upp från mynningen i ett flertal uppstående, något tillspetsade breda flikar, som ger den avrundade skålen en prydligt kronlik kant. Skålens violetta till gråvioletta insida kontrasterar vackert mot den vita eller svagt rödtonade utsidan.

Arten är alldeles för ovanlig och intressant för att ens komma i åtanke som matsvamp.

Kronskålen är hänvisad till kalkhaltig mark, där den föredrar barrmylla. Svampen är sällsynt och växer i maj–juni men påträffas även någon gång under hösten. Den bör inte plockas, endast beundras på växtplatsen.

Stenmurkla ††(†)

Gyromitra esculenta

Hatten är rödbrun, chokladbrun till svartbrun, 3–12 cm bred och oregelbundet formad av hjärnlika vindlingar. Hattkanten är inrullad och fästad vid foten. Foten är tämligen kort, ihålig, vitaktig, ibland stötande i brunt eller violett, basalt med invuxna sand- och gruskorn. Köttet är hos den nyplockade murklan tunt och bräckligt. Smaken är mild och den angenäma doften är påfallande stark.

Stenmurklan är en välkänd delikatess men dessvärre synnerligen giftig. För att eliminera giftet – om än ofullständigt – läggs den hackade murklan i kallt vatten, som får sjuda – inte stormkoka! – i 8–10 minuter. Vattnet med det lösta giftet slås sedan bort genom ett durkslag. Att trä upp murklor på trådar och låta dem lufttorka under ett par månader är en trevlig men likaledes ofullständig avgiftningsmetod. Obs! Då det visat sig att en del av giftet trots långtidstorkning och upprepade avkokningar stannar kvar i stenmurklan syns det, tråkigt nog, klokt att avråda från – i synnerhet mera regelbunden – konsumtion av svampen. Giftigheten har även resulterat i ett förbud mot försäljning av färsk stenmurkla.

I april visar sig de första stenmurklorna i någon sandig skogsbacke med inslag av tall, och i början av juni är murkeltiden förbi. Murklorna är vanligen väl kamouflerade i sin "bruna" växtmiljö och kan vara nog så svåra att upptäcka bland rötter och kottar längs en skogsstig eller bland stenarna i en grusskärning. Vissa år, s k murkelår, förekommer stenmurklan särskilt allmänt i våra marker.

Blek stenmurkla † (**)

Discina gigas (Neogyromitra gigas)

Blek stenmurkla liknar vanlig stenmurkla vid hastigt påseende. Den blir dock större och kraftigare än denna, och jätteexemplar påträffas inte så sällan. Vanligen mäter hatten 8–15 cm i bredd och 5–12 cm i höjd. Svampen är gulblek, gulbrun till blekbrun, och hattkanten är tydligt fri från foten. Den har vidare större, längsgående "hjärnvindlingar" i mera regelbundna mönster än vanlig stenmurkla. Foten är gulvit, tappformig, kort och kraftig. Den är smalast vid basen och är under hatten nästan förgrenad. Murklan är praktiskt taget luktlös. Smaken är mild. Blek stenmurkla har ungefär samma mategenskaper som vanlig stenmurkla men är mindre aromatisk och saknar farliga gifter. Likheten med stenmurklan gör emellertid att den bleka arten av säkerhetsskäl måste kokas av (förvällas) 8–10 minuter flera gånger (se vanlig stenmurkla).

Bleka stenmurklan är en mindre allmän vårsvamp, som under maj och juni kan påträffas i barr- och blandskog, gärna på hyggen eller på starkt murken ved. I kalkrika lövskogar förekommer den snarlika flikmurklan (*D. fastigiata*), som har treflikig, sadelformad hatt.

Biskopsmössa, † (**)
brun hattmurkla

Gyromitra infula

Denna murkla förekommer på hösten. Hatten är mörkbrun eller brunröd, 5–12 cm hög och ungefär lika bred. Veckningen av hatthuden är betydligt mindre utpräglad än hos stenmurkla, och hatten "kröns" av två eller tre toppar, som gör att den till utseendet påminner om en biskopsmössa. Foten går i vitt eller rödbrunt och blir 4–7 cm hög. Den är liksom hatten ihålig, och svampens kött är tunt och bräckligt.
Med sin milda doft och smak är biskopsmössan en utmärkt matsvamp. Tidigare ansågs det inte nödvändigt att koka av andra murklor än stenmurklor, men efter påvisbara förgiftningsfall med framför allt den snarlika och närstående vår- och försommararten **lömsk biskopsmössa** † (**) (*Gyromitra ambigua*) – foten kan hos den senare ha blåviolett ton – förs den numera till "avkokningsgruppen". Biskopsmössan är rätt allmän under september–oktober och växer på och vid murkna stubbar och rötter av barr- och lövträd. Den trivs även längs sandiga skogsvägar och i grusskärningar.

Vit hattmurkla (**)

Helvella crispa

Hatten är hos unga exemplar helt vit men antar under utvecklingen en alltmer gulbrun färg. Den är oregelbundet krusig och blir 3–6 cm bred. Foten blir drygt decimeterhög, kraftig, samt något smalare upptill. Längs hela foten löper parallella åsar eller ribbor, som sinsemellan saknar tvärgående sammanbindningar. Köttet är tunt i hela svampen, och smaken är mild liksom lukten.

Vit hattmurkla är en god matsvamp, som vanligtvis inte fordrar avkokning.

Försiktighet rekommenderas dock vid tillredning av alla murklor. Dels kan förväxling ske mellan snarlika arter, dels kan reaktionen på murkeldiet vara högst individuell.

Denna eleganta murkla har en sydlig utbredning i vårt land och förekommer endast mindre allmänt. Den föredrar näringsrik mylla i lövskogslundar, parker eller trädgårdar, där den kan växa bland gräs och örter eller på naken jord under september–oktober.

Svart hattmurkla (**)

Helvella lacunosa

Hatten, som är svart till gråsvart, utvecklas till en höjd och bredd av 3–6 cm. Den är grovt, oregelbundet veckad och sedd från sidan närmast sadellik. Foten blir 3–6 cm hög, något ljusare grå än hatten och ganska kraftig. Liksom hos vit hattmurkla löper längsgående åsar utefter hela foten. Hos den svarta hattmurklan är åsarna dock förenade genom tvärgående sammanbindningar, s k anastomoser, som saknas hos den vita hattmurklan. Köttet är tunt utan att vara bräckligt. Doften är svag.

Svart hattmurkla är en god matsvamp med mild smak och "lagom" seg konsistens. Normalt behöver den inte kokas av, men den "säkerhetsventil" som avkokningen erbjuder bör i avsevärt ökad omfattning utnyttjas vid tillredning av alla murklor.

Den svarta hattmurklan är en höstsvamp med växttid under augusti–oktober. Den är allmännare än vit hattmurkla och spridd över så gott som hela landet. Särskilt gynnsamma växtplatser är mossig gräsmark och kanten av grusiga skogsvägar.

Smal hattmurkla (*)

Helvella elastica

Hatten är grågul eller gråbrun med ljusare undersida och når fullt utvecklad en höjd av 1–3 cm och en bredd av 2–4 cm. Ytan är endast obetydligt krusig, och två uppstående flikar ger hatten ett sadellikt utseende. Foten är vit till gråvit, ihålig, lång och smal. Ytan är tämligen slät utan ribbor eller åsar.

Lukten är tilltalande och det tunna köttet har en mild smak, varför svampen får anses ätlig och god. Avkokning tillråds. Murklan växer längs grusvägar eller i mossig gräsmark under augusti–september.

Luden skålmurkla °

Helvella macropus
(H. bulbosa)

Hatten är 1–3 cm bred, skålformad och lätt tilltryckt från sidan. Kanten är svagt inböjd. Skålens utsida är ljusgrått luden, medan insidan är mörkare gråbrun och slät. Foten blir 5–10cm hög, är ljusgrått luden, smal och försedd med ovala gropar. Luden skålmurkla växer vanligen enstaka på jord eller gamla stubbar i äldre löv- och blandskog tämligen allmänt under augusti–september. Oätlig.

I kalkrik gräsmark kan under våren **pokalmurklan** ° (*H. acetabulum*) visa sig. Den har brun, 3–9 cm bred skål och kort, ljus, fårad fot. Ej allmän. Oätlig.

Rund topp-murkla ***

Morchella rotunda

Namnet toppmurkla avser en grupp vårväxande arter eller former, som varierar inbördes ifråga om form och färg. Den runda toppmurklan skiljer sig från övriga toppmurklor främst genom sin avrundat äggformade hatt, som kan bli 5–10 cm hög och 4–6 cm bred. Hattfärgen är honungsgul, gröngul till brungul med påfallande ljusgula åskanter runt de stora oregelbundna cellerna. Svampens decimeterhöga fot är vitaktig, svagt grynig och fårad. Den blir 2–3 cm tjock, något basalt vidgad och är liksom hatten ihålig.

Rund toppmurkla är en läcker matsvamp. Avkokning är inte nödvändig men rekommenderas som extra säkerhetsåtgärd vid tilllagningen.

I södra Sveriges kalkområden, främst på gräsmark, förekommer arten då och då – lokalt t o m ganska rikligt – men har av förf. även hittats i ett flertal lövlundar på Mälaröarna. Växttiden är maj–juni.

Toppmurkla ***

Morchella elata

Hos toppmurklan är hatten (mössan) mörkbrun eller olivbrun och koniskt spetstoppig. Den kan bli 5–10 cm hög och nederst 3–5 cm bred. Hattytan är karakteristiskt veckad genom ett nätverk av mörkare smala lister eller åsar med mellanliggande fördjupningar. Regelbundet mönstrade toppmurklor kan ge ett "rutigt" intryck.

Foten är crèmefärgad till ljust brun, 5–8 cm hög, hälften så bred samt mjölig eller finkornig. Den är liksom hatten ihålig, och svampens kött är tunt och ganska segt. Med sin milda smak och angenäma doft räknas toppmurklan till våra läckraste matsvampar. Den kräver vanligtvis ingen avkokning, men åtgärden förordas ändå som säkerhet vid tillredning av alla murklor.

Toppmurklan växer under senvåren, och flera tillsammans sticker ofta upp sina "käglor" i maj–juni. Den förekommer både i barr- och lövskog liksom i hagar, lundar, på öppen gräsmark eller gamla brandplatser. I kalkområden är murklan tämligen allmän men förekommer sparsammare annorstädes.

Toppmurkla ***

Morchella elata

Toppmurklan kan uppvisa stor variationsbredd ifråga om färg, form och storlek.

Här avbildade toppmurklor skiljer sig från föregående genom sin högre, smalare hatt (mössa), vars färg går i ljusare olivbrunt. Cellmönstret är mer oregelbundet och de enskilda cellerna mindre.

Som matsvamp är denna form – liksom andra varieteter av toppmurkla – utsökt. Avkokning är inte nödvändig men rekommenderas. Den påträffas mindre allmänt under senvåren här och där i skogar och hagar, gärna på kalkgrund.

Rynkad klockmurka °

Ptychoverpa bohemica

Rynkad eller vindlad klockmurkla är en av våra vackraste murkelarter. Hatten är 3–5 cm hög, gyllenbrun och oregelbundet klockformig. Större delen av hatten är fri från foten, vilken den bekläder som en tätt rynkad kjol. Foten blir 8–15 cm hög, orangegul och vattrad av fina korn, som får guldlyster i solljus. Rynkad klockmurkla är mycket sällsynt och växer I mullrik lövskog under maj månad. Den saknar matvärde.

Klockmurkla ° (*Ptychoverpa conica*) är en närstående, sällsynt, något mindre art med slät hatt. Även denna växer på våren och saknar matvärde.

Öronmurkla, (*) brun skålmurkla

Discina perlata

Öronmurklan är rödbrun till kanelbrun, i början grunt skålformad, senare utbredd och mjukt oregelbundet veckad. Hatten vilar platt mot marken och sedd ovanifrån har den formen av ett öra. Hattbredden varierar mellan 5 och 10 cm, medan foten är mycket kort och ibland rent av obefintlig. Undersidan av hatten är liksom foten ljus och rynkad. Svampen luktar och smakar milt och den är ätlig efter avkokning.

Öronmurklan växer under april–maj, helst i barrskog med företrädesvis tall. Den trivs nära stubbar och rötter och är mindre allmän, även om den under gynnsamma år lokalt kan uppträda i stora mängder.

Den närstående, likaledes vårväxande **klormurklan** ° *(Disciotis venosa)*, har en obehaglig lukt och förekommer mest på lokaler med fuktig jord och multnande löv. Arten är oätlig och rätt ovanlig.

Hårig jordtunga °

Trichoglossum hirsutum

Hela svampen är svart med sammetshårig yta. Den ca 2 cm höga, tungformade hatten övergår utan synbar gräns i en 3–4 cm hög, smal fot. Svampens konsistens är rätt seg. Den spensliga arten saknar allt matvärde.

Hårig jordtunga förekommer i augusti–september mindre allmänt i grupper på mossiga gräsytor eller i betesmarker, där även **grön jordtunga** ° (*Microglossum viride*) växer. Denna liknar till formen hårig jordtunga, men har grön färg, saknar behåring och är ovanligare. Oätlig.

Ett flertal mer eller mindre sällsynta arter, som kräver mikroskop för bestämning, förekommer i vårt land.

Spadmurkling °

Spathularia flavida

Spadmurklingen liknar till formen en spade av äldre typ. Hatten, som är klargul, buktig och tillplattad från sidorna, löper runt fotens övre del som en veckad bård. Hela svampen blir 6–8 cm hög, varav den vitgula, mot basen något vidgade foten utgör drygt hälften. Köttet har mild lukt och smak. Arten saknar matvärde. Spadmurklingen finner man mindre allmänt under augusti–september i mossiga skogar och på betesmark, där den kan uppträda i talrika bestånd. **Blek spadmurkling** ° (*S. rufa*) har grågul hatt och blekbrun fot.

Mössmurkling °

Cudonia circinans

Hatten är blekt crèmefärgad till gulaktig. Den är mjukt kullrigt veckad, har inrullad kant och blir 2–4 cm bred. Foten, som blir halva decimetern hög, är färgad i brungult eller rödbrunt. Det bleka och rätt sega köttet har mild smak. Svampen saknar allt matvärde.

Mössmurklingen växer i barrförna med ett stort antal svampar tillsammans. Den är tämligen allmän i augusti–oktober.

Hos den snarlika *C. confusa* ° har hatt och fot ungefär samma färg. Arten växer i barrskog under augusti–oktober och är inte ovanlig. Oätlig som föregående.

Slemmurkling °

Leotia lubrica

Slemmurklingens hatt är ljust gröngul till mörkare olivgrön och slemmig i fuktigt väder. Den är halvklotformad eller sadellik och har starkt inrullad kant. Bredden är 1–3 cm.

Foten blir 4–6 cm hög och är slemmig i väta. Den är gul till gulröd och beströdd med fina grönaktiga prickar. Hela svampen känns geléartat seg. Slemmurklingen saknar värde som matsvamp. Den växer tämligen allmänt i tätt tuvade grupper och påträffas företrädesvis i lövskog under september–oktober, inte sällan tillsammans med trattkantareller.

Sippskål °

Dumontinia tuberosa (Sclerotinia t.)

Hatten eller skålen är mörkt brun – ljusare i torka – och först bägarlikt kupig, sedan trattformig med utböjd, ibland grunt flikig kant. Skålens bredd mäter 2–4 cm. Den stjälklika, smala svartbruna foten blir 5–10 cm hög. I utvuxet tillstånd kan svampen sägas ha formen av ett champagneglas. Det tunna bleka köttet har mild smak och något oangenäm lukt. Arten saknar allt matvärde.

I jordstammar av vitsippa och gulsippa bildar svampen sklerotier, dvs rotknölar av någon centimeters storlek med fast konsistens, vilka är svarta utvändigt men vita inuti. Från dessa sklerotier utvecklas sedan nya fruktkroppar.

I maj kan sippskålen förekomma tämligen allmänt i skogsbryn och lövlundar, där vitsippan och även den sällsyntare gulsippan växer.

Stjärnhovstryffel **

Choiromyces venosus
(C. meandriformis)

Stjärnhovstryffeln är som ung gråvit men blir med tiden gulbrun till ljust brun. Den har en potatislik form och blir ojämnt knölig. Tryffeln är oftast av en valnöts storlek men kan bli knytnävsstor. Köttet är fint marmorerat i ljusare och mörkare vindlingar. Svampen får vid mognaden en aromatisk smak och doft, vilket gör den eftersökt som krydda.

Stjärnhovstryffeln är sällsynt hos oss men är funnen i mellansvenska parker, trädgårdar och mullrika lövskogar. Den utvecklas under själva markytan i augusti–september.

Stubbhorn °

Xylaria hypoxylon

Stubbhornet tillhör släktet kärnsvampar och erinrar om en liten seg fingersvamp. Svampen är fågrenad eller ogrenad samt svart och hårig vid basen. Den har ett askgrått, småvårtigt mellanskikt och ljust grå, fint mjöliga platta grenar med vita spetsar. Köttet är vitt. Hela svampen svartnar så småningom. Arten har inget som helst matvärde.

Stubbhornet förekommer allmänt på lövträdsstubbar under en stor del av året.

Cinnobergömming, °
lövträdsmässling

Nectria cinnabarina

Cinnobergömmingen kallas även *lövträdens rödvårtsvamp*. Den uppmärksammas vanligen som 1–2 mm breda, rödgula till ljust cinnoberröda, runda dynor, som tätt beströr nedfallna grenar. Angreppet är ofta av sådan omfattning att grenen ser ut att ha fått "mässlingen".

På dynorna bildas sedan mörkröda, knottriga frukter, 0,5 mm stora. Svampen är oätlig.

Cinnobergömming är synnerligen allmän på döda grenar och kvistar av lövträd under en stor del av året.

Vårtkrös °

Exidia glandulosa

Vårtkröset uppträder som en oregelbundet veckad, geléartad bildning på murkna grenar och kan ge ett "vårtigt" intryck.

Färgen är i fuktig väderlek glänsande svart till svartblå och i torka gråaktig, varvid svampen skrumpnar ihop och får fast, pappersartad konsistens. Fruktkroppen breder ut sig dynlikt på underlaget och blir 3–10 cm bred och 2 cm tjock. Ofta flyter flera exemplar samman. Svampen är oätlig. Under senhöst och tidig vår kan vårtkröset tämligen allmänt växa fram på döda lövträdsgrenar.

Brunkrös °

Tremella foliacea

Arten tillhör släktet gelésvampar och är som de flesta krös oregelbundet veckad eller krusig. I väta är den hartsbrun och mjukt gelatinös, i torka mörkare och fast. Hela svampen blir 4–6 cm bred och hälften så tjock. Den saknar allt matvärde.

Brunkrös utvecklas på stammar, stubbar eller ved av löv- och barrträd under hösten och våren och påträffas tämligen allmänt.

Gullkrös °

Tremella mesenterica

Gullkröset har ifråga om storlek och konsistens mycket gemensamt med föregående art. Den prydliga svampen är i fuktigt väder lysande gul, geléartad och mjukt vågig eller flikig. Bredden varierar mellan 2 och 10 cm. I torka skrumpnar svampen till obetydlig storlek, varvid den blir hård och skrynklig och färgen övergår till mörkt orange. Arten saknar matvärde.

Gullkröset dekorerar effektfullt döda lövträdsgrenar under den färgfattiga senhösten och påträffas tämligen allmänt från oktober till in i december.

Gelétaggsvamp °

Pseudohydnum gelatinosum

Hattens ovansida är gråblå till ljust gråbrun och genomskinlig som alabaster. Den är ibland småvårtig. Undersidan av hatten är ljusare och klädd med spetsiga, 2–3 mm långa taggar. Hatten har formen av en mussla och blir ca 5 cm bred och centimetertjock. Foten är kort och sidoställd men saknas ibland helt.

Köttet är geléartat och segt, har något fadd smak och obetydlig lukt. Svampen har inget egentligt matvärde. Gelétaggsvamp växer gyttrat på multnande barrträdsstubbar och är tämligen allmän under augusti–september.

Rosentratting, ° gelétratting

Tremiscus helvelloides (Guepinia h.)

Rosentrattingen är färgad i rosenrött eller orange men får ljusare ton i torka. Formen är uppslitsat trattlik med oregelbunden kant. Den kan liknas vid en halverad, hög skålsvamp eller vid ett uppåt vidgat, brett harörа. Det geléartade köttet saknar utpräglad lukt och smak. Rosentrattingen eller gelétrattingen har inget matvärde.

Den vackra svampen är sällsynt och förekommer på ren kalkmark, där den kan påträffas i bergiga barrskogar. Arten står ofta något fuktigt bland gräs eller mossor och växer i smärre, täta tuvor under september–oktober.

Gullhorn °

Calocera viscosa

Gullhorn kallas även *klibbfingersvamp* eller *hjorthornssvamp*, eftersom "fingrarna" är hornlikt förgrenade. Den tillhör inte gruppen fingersvampar utan gelésvampar.

Fruktkroppen är guldgul i väta, mera orangefärgad i torrt väder. Grenarna är relativt fåtaliga och smala. Svampen blir 5–10 cm hög och kan vara avsevärt rotlikt förlängd. Vid fuktig väderlek är ytan klibbig och hal, varvid svampköttet blir särskilt segt och elastiskt. I torka är ytan mindre klibbig och köttet fastare. Smak och lukt är obetydliga. Den spensliga arten saknar egentligt matvärde.

Gullhornet är en allmän art, som genom sin lysande gula färg är lätt igenkännlig. Den visar sig under augusti–oktober och växer helst på eller nära gamla murkna barrträdsstubbar.

Stinksvamp °

Phallus impudicus

Denna underliga svamp tränger upp ur marken som ett vitt hönsägg. Detta s k häxägg innesluter själva fruktkroppsanlaget, som vid tillväxten spränger "äggskalet". Det senare kvarstår sedan som en geléfylld slida vid svampens fotbas.

Fruktkroppen utvecklar en 15–20 cm hög fot, vars murkellika topp är överdragen av ett grönt, sporbärande slem. Spormassan lockar till sig framför allt flugor, som aktivt bidrar till svampens spridning. Den ihåliga, porösa foten gör att svampen känns förvånansvärt lätt i handen. Arten har en motbjudande lukt av ruttnande kadaver, något som även gett den namnet *liksvamp*. Fullgångna exemplar är givetvis oätliga, men unga häxägg användes förr som en förhoppningsvis stimulerande ingrediens i "kärleksmediciner".

I vårt lands södra delar är stinksvampen allmän från juli till september. Den trivs i löv- och blandskogar men kan uppträda talrikt även i parker och trädgårdar.

Dynstinksvamp °

Phallus hadrianii

Dynstinksvampen liknar mycket till form och storlek den vanliga stinksvampen. Svampanlaget eller "häxägget" är rosafärgat till ljust rödviolett och har samma dimensioner som ett vanligt hönsägg. Kraftiga, råttsvanslika rottågor utgår från äggets avsmalnande basala del.

Den sporbärande gleban har en olivbrun färg, och den murkellika toppen får påfallande höga åsar. Lukten är något sötaktigt vämjelig, påminnande om stinkkremla eller maskindiskmedel. Svampen är oätlig.

Den är sällsynt och växer i sanddyner vid våra sydliga kuster under augusti–oktober.

Liten stinksvamp °

Mutinus caninus

Den lilla stinksvampen visar sig först som ett 2–3 cm brett vitgult ägg. Skalet sprängs sedan av en 5–10 cm lång, centimeterbred fruktkropp. Den är vackert färgad i ljusare rosa eller mörkare orange ton. Fruktkroppen har en avsmalnande – ej uppdriven – trubbig topp, som är täckt av ett olivbrunt, slätt, sporbärande slemlager. Svampen har en svag men tydlig doft av kattspillning och saknar matvärde.

Den märkliga svampen är ganska sällsynt men kan påträffas i oröjd lövskog på starkt nedmultnande stubbar av bl a al och bok.

Långfotad röksvamp *

Calvatia excipuliformis

Långfotade röksvampen påminner till formen om en kraftig mortelstöt, och den kallas följaktligen även *mortelstötsvamp*. Svampen kan uppnå en imponerande höjd av 20 cm, och dess övre förtjockade del blir 5–7 cm bred. Färgen går i vitt med svagt grå till grågul nyans. Huden är taggigt grynig.

Svampens klubbformade toppdel bildar sporerna och "vittrar" sönder då dessa mognar och sprids. Kvar står sedan det sterila skaftet som en brunaktig, bägarlik vinterståndare. Köttet är vitt och mjukt och har mild smak och lukt. Långfotad röksvamp är som ung ätlig och god. Under mognadsprocessen förlorar köttet sin vita färg och mörknar gradvis i brunt, varvid svampen samtidigt mister sitt matvärde.

Röksvampen förekommer tämligen allmänt i hagar, gräsmarker och blandskog under augusti–oktober.

Jätteröksvamp **

Langermannia gigantea
(Calvatia gigantea)

Jätteröksvampen är klotformig, helt kritvit och blir vanligen stor som en fotboll. Den saknar fot. Storleken kan vara imponerande och en fruktkropp på drygt 19 kg med en omkrets av 2,07 m hittades på Gotland 1997. Detta rekordexemplar finns i gipsavgjutning på Naturmuseet i Visby. Svampens hud känns len och behaglig som sämskskinn, och den innesluter ett vitt och fast kött med mild lukt och smak.

Som mycket ung är jätteröksvampen en god matsvamp vilken lämpligen skivas och smörsteks. Den allra minsta "missfärgning" av det vita köttet gör svampen oduglig som föda. Äldre, mognande exemplar får ett löst, gröngult innanmäte och brunaktig hud, som flagnar av vid tiden för sporspridningen.

Jätteröksvampen växer i öppen, näringsrik gräsmark, såväl på betade ängar som i trädgårdar och parker. Den rätt ovanliga arten är trots sin storlek svår att upptäcka i sin frodiga växtmiljö och väcker berättigad uppmärksamhet då den påträffas under augusti–oktober.

Skålröksvamp **

Calvatia utriformis
(C. caelata)

Skålröksvampen är ganska kraftig. Den blir 8–15 cm bred och ungefär lika hög. Formen är något päronlik med en bred, avrundad övre fertil (sporbärande) del och en smalare nedre steril del. Färgen stöter i gråvitt. Under svampens utveckling spricker först ytterhuden upp rutlikt och så småningom fruktkroppens hela övre del, varvid sporerna sprids för vinden. Den bruna resten av svampen står sedan kvar som en tefatsstor skål på fot.

Arten är som ung mycket smaklig. Den växer mindre allmänt på sandiga gräsmarker under juli–september.

Umbraröksvamp *

Lycoperdon umbrinum

Arten står mycket nära den vårtiga röksvampen. Fruktkroppen är gulbrun till mörkare umbrabrun och blir 3–5 cm hög och ungefär lika bred. Formen är närmast päronlik med en övre bred, sporbärande del och en nedre steril del. Svampens övre del är tätt beklädd med mörka, spetsiga taggar, som hos en del exemplar kan bli flera millimeter långa. Det först vita köttet övergår med tiden i ett oliv- eller purpurbrunt stadium.

Arten är ätlig så länge köttet är vitt. Den växer i barrskog tämligen allmänt under augusti–september.

Vårtig röksvamp **

Lycoperdon perlatum

Unga vårtiga röksvampar är vita och något klubblika. Väl utvecklade exemplar blir gråvita med en gul nyans och antar formen av ett päron. Svampen blir 4–8 cm hög och överst 3–5 cm bred.

Huden är på den kraftigt förtjockade övre delen beklädd med tagglika vårtor, som lätt lossnar och "smular sig" när man tar i svampen. Den smalare basaldelen har slät yta.

Köttet är vitt men blir efter hand gröngult och slutligen brunaktigt. Sporerna bildas endast i svampens övre, vidgade del och sprids som brun "rök" genom en toppställd mynning. Baspartiet är sterilt. Vårtig röksvamp har mild smak och lukt. Den är en utmärkt matsvamp så länge köttet är helt vitt, men minsta missfärgning gör svampen oätlig.

I hagmark och blandskog finner man allmänt den vårtiga röksvampen i glesa sällskap eller i tätare gyttringar under juli–september.

Gyttrad röksvamp *

Lycoperdon pyriforme

Den gyttrade röksvampen är till storleken något mindre än den vårtiga och har tydlig päronform. Den är som ung vit med finkornig yta men blir snart gulbrun och slät, ibland uppsprucken i ett nätlikt mönster. Foten är tämligen smal och av varierande längd med ofta påfallande breda, vita mycelsträngar. Hela svampen blir 3–5 cm hög och överst 2–3 cm bred.

Som ung har svampen vitt kött, som smakar och luktar milt. Den är användbar som bland-svamp så länge köttet är vitt och fräscht.

Mognad och sporspridning sker på samma sätt som hos vårtig röksvamp med en övre fertil (sporbärande) del och en nedre steril del.

Gyttrad röksvamp är en allmänt förekommande art med växttid från juli till oktober. Den bildar vanligtvis tätare och framför allt större gyttringar än vårtig röksvamp på och vid gamla stubbar eller rötter.

Igelkottsröksvamp °

Lycoperdon echinatum

Denna säregna röksvamp ser ut som en liten igelkott. Färgen är brun i olika nyanser och formen nästan klotrund eller svagt päronlik. Ytan bekläds av 2–4 mm långa, kraftiga taggar, som är både spetsiga och styva. Taggarna sitter gruppvis och spetsarna korsar ofta varandra. Fullt utvecklad får svampen en kort fot och blir 4–6 cm hög och 3–5 cm bred. Innanför den fasta svamphuden finns ett vitt kött, som efter hand mörknar. Vid mognaden öppnar sig fruktkroppen i en toppställd mynning, genom vilken de chokladbruna sporerna sprider sig.

Som ung har svampen mild lukt och smak, men den saknar helt matvärde. Den intressanta arten är sällsynt och bör lämnas i fred på sin växtplats – mullrika syd- och mellansvenska bokskogar – där den står väl kamouflerad bland taggiga bokollon. Igelkottsröksvampen påträffas även under ek och kan, om turen är framme, studeras under augusti–september. Fridlyst.

Läderboll ***

Mycenastrum corium

Läderbollen tränger upp genom markytan med sin runda eller äggformade fruktkropp. Färgen är vit, men kvarsittande jordrester ger ibland svampen ett gråaktigt intryck. Den blir 10–20 cm hög och ungefär lika bred.

Det främsta kännetecknet är den synnerligen tjocka, segt läderartade huden som omger svampen. Vid tiden för spormognaden spricker huden, och svampen bildar då en öppen, brunaktig skål, som saknar fot. Köttet är fast och vitt med angenäm doft och smak.

Läderbollen är en förstklassig matsvamp, som lämpligen skivas och smörsteks. Som växtplats väljer den gärna näringsrika gräsmattor, t ex i en stadspark. Läderbollen är sällsynt, men efter ett kraftigt åskregn i juli–augusti kan det löna sig att söka efter den läckra svampen i Syd- och Mellansverige.

Blygrå äggsvamp *

Bovista plumbea

Blygrå äggsvamp är som ung vit och rund eller något äggformad. Den blir 2–4 cm bred och påminner i gräset närmast om en golfboll. Svampen är omsluten av två i början vita hinnor. Vid mognaden flagnar ytterhinnan av och blottar den inre, som blir pappersartad och får en blygrå färg. Sporerna sprids genom en toppställd mynning.

Svampen har mild smak och lukt, och så länge köttet är vitt och fast, är den ätlig och god. Blygrå äggsvamp förekommer allmänt i kortklippt eller betat gräs under juni–oktober.

Svartnande äggsvamp *

Bovista nigrescens

Svartnande äggsvampen är liksom föregående art vit med rundat ägglik form och två omgivande hinnor. Den skiljer sig från den blygrå arten genom att vara nästan dubbelt så stor, och genom att den inre hinnan vid svampens mognad blir svart i stället för grå.

Svartnande äggsvamp är som ung ätlig och god och växer mindre allmänt på betesmark eller på ruderatplatser bland brännässlor och kirskål under juli–september.

Kantjordstjärna °

Geastrum striatum (G. bryantii)

Sporkapseln (endoperidiet) är hos kantjordstjärnan blekvit eller blygrå och slutligen mörkbrun. Den blir svagt "bucklig" och något tilltryckt uppifrån och 1–3 cm bred. Spormynningen är spetsigt konisk och tydligt fårad i längdriktningen.

En karakteristisk, skarp, kraglik kant markerar övergången mellan kapseln och den vanligen centimeterlånga halsen. Hela övre partiet ser ut att vara format i en svarv.

Svampens nedre del (exoperidiet) har 6–10 kanelbruna flikar, som kan få sprickor med ljusare bottenfärg. Hela svampen blir 3–7 cm hög och ungefär lika bred. Den saknar matvärde.

Hos oss finner man kantjordstjärnan eller Bryantis jordstjärna bl a i äldre täta syrenhäckar eller på gamla komposterade sophögar och ruderatplatser, dvs på ställen där man normalt inte brukar leta efter svamp. I sin något udda växtmiljö kan den dock uppträda rikligt under augusti–oktober, och "skrållor", dvs vinterståndare, iakttas året om.

Fyrflikig jordstjärna °

Geastrum quadrifidum

Den fyrflikiga jordstjärnan syns först som ett litet vitt klot i markytan. Den runda kortskaftade sporkapseln blir ungefär centimeterbred, har blygrå eller blågrå färg med ljus, tublik, kort mynning och blir slutligen brun.

De fyra flikarna är först vita och breda, sedan inrullat spetsiga och rödbruna. Dessa fäster vid en "korg" av kvarvarande hylle och mycel i markytan. Hela svampen blir ca 4 cm bred och lika hög. Fyrflikig jordstjärna utvecklas under senhösten i gammal barrskogsförna och är mindre allmän. Oätlig.

Fransad jordstjärna °

Geastrum fimbriatum

Sporkapseln är först gulbeige och rund, senare nötbrun och – sedd från sidan – oval. Spormynningen, som är tydligt fransad, saknar omgivande mynningsfält. Kapseln blir 1–2 cm bred. Svampen saknar hals och sporkapseln vilar direkt på basdelen.

"Stjärnan" utgörs av 6–8, först gräddvita, sedan nötbruna flikar, vars spetsar tidigt böjs inåt-utåt under svampen. Arten blir 4–7 cm bred.

Fransad jordstjärna är rätt ovanlig. Den växer i kalkrik barr- och lövskog och på komposter under augusti–oktober. Oätlig.

Kamjordstjärna °

Geastrum pectinatum

Kamjordstjärnan har mörkbrun sporkapsel med jämn, slät yta. Den blir 1–3 cm bred. Formen är rundad eller oval; spormynningen är ljust brun och liksom hos föregående art spetsigt, pipformigt utdragen med fina men tydligt markerade fåror.

En smal, centimeterlång hals förenar sporkapseln med svampens basdel, men halsen saknar kantjordstjärnans typiska, kraglika kant.

Den stjärnlika basdelen har vanligen 8–10 bruna till mörkbruna flikar, som kan erhålla talrika ytsprickor med ljus bottenfärg. Äldre exemplar och vinterståndare får blekvita flikar och svartbrun sporkapsel. Hela svampen blir 5–10 cm hög och ungefär lika bred. Den saknar matvärde.

Kamjordstjärnan växer i äldre barrskogsförna under augusti–oktober. Den är inte sällsynt men förbises lätt på växtplatsen, där den till färg och form väl smälter samman med omgivningen.

Kragjordstjärna °

Geastrum triplex

Kragjordstjärnan är en kraftig art, vars svampanlag påminner om en rödbrun blomsterlök. Sporkapseln är i "lökens" öppningsstadium ljust nötbrun. Snart är den dock grågul, och antar efter hand en gråbrun färg. Kapseln blir 2–4 cm bred, rund eller något oval. Den toppställda spormynningen är fårad och koniskt utdragen och omgiven av ett centimeterbrett, väl avgränsat mynningsfält. Sporkapseln fäster utan hals vid basdelen.

Jordstjärnan är uppsprucken i 5–7 synnerligen köttiga flikar, som är kala på undersidan. De är först vita men övergår senare i rödbrunt. Flikarna böjer sig snart inåt-utåt under svampen, liksom hos fransad jordstjärna. De ser då ut att "brytas av" på mitten, sammanhållna endast av exoperidiets yttre skikt. Det "avbrutna" inre skiktet bildar sedan en vid, utstående krage eller ojämnt kantad skål kring sporkapseln. Hela svampen blir 6–14 cm bred och 4–6 cm hög.

Kragjordstjärnan, även kallad tredubbel jordstjärna, växer hos oss gruppvis i mullrik lövskog, gamla häckar eller på avfallsplatser som legat i långvarig "träda". Där utvecklas den rätt ovanliga arten under hösten från augusti, ofta i sällskap med andra jordstjärnearter. Oätlig.

Rödbrun jordstjärna °

Geastrum vulgatum
(G. rufescens)

Sporkapseln (exoperidiet) är till en början grågul, sedan gulbrun och slutligen rödbrun. Den blir 2–8 cm bred och saknar framträdande spormynning.

Kapseln saknar hals och vilar direkt på basdelen (endoperidiet), som är stjärnformig. De 5–7 breda, köttiga, på undersidan förnabeklädda flikarna är blekvita med vinröda kanter och spetsar. Med tiden får hela svampen en rödbrun färg. Bredden är 6–10 cm, höjden något mindre. Äldre exemplar blir brunaktiga. Den växer tämligen sparsamt i kalkrik barr- och lövskog under augusti–september.

Hårig jordstjärna °

Trichaster
melanocephalus

Den sporbärande delen är rund, svartbrun och 2–4 cm bred. Ytan är luden av den blottställda spormassan, som saknar skyddande innerhölje. Detta hölje fäster tidigt vid basdelens flikar, följer med vid dess utveckling och bekläder slutligen delar av flikarna som en svartbrun filt. Flikarna är ljusbruna och vanligen 5–6 till antalet. Hela svampen blir 8–12 cm bred och ungefär lika hög.

Hårig jordstjärna är sällsynt och växer bl a på skuggiga, näringsrika skräphögar och utvecklas under hösten. Oätlig.

Gul rottryffel (†)

Scleroderma citrinum
(S. aurantium)

Sedd uppifrån är svampen tämligen rund, sedd från sidan oval eller päronformad. Den blir 3–10 cm bred. Huden får snart en fjällig, rutlikt uppsprucken yta med vårtigt basparti. Den blir inte sällan fläckvis ärggrön.

Foten är kort och saknar längre rottrådar.

Ett tvärsnitt av svampen visar en hudtjocklek av ca 3 mm och ett först vitt, sedan rosafärgat kött, som blir blåsvart med ljus marmorering.

Svampen är troligen något giftig och förekommer allmänt i mager, torvartad löv- och blandskog under juli–augusti.

Potatisrottryffel (†)

Scleroderma bovista

Huden är hos denna potatislika svamp gulbrun till lerfärgad. Den är förhållandevis tunn, ca 1,5 mm, och tämligen slät eller svagt grynig och får ibland torksprickor. Det sporalstrande innanmätet är först vitt, men blir marmorerat svart och får slutligen pulverkonsistens. Foten är längre och kraftigare än hos allmän rottryffel, och innehåller avsevärt fler förnapartiklar.

Potatisrottryffeln växer mindre allmänt på näringsrik, inte sällan sandig, jord i lövskogar, parker och trädgårdar under augusti–september. Troligen giftig.

Brödkorgssvamp °

Crucibulum laeve

I tidigt utvecklingsstadium är svampen närmast lik en liten ockragul äggkopp eller kruka med lock. Den blir 0,5–1 cm bred och ungefär lika hög. I ett senare skede får svampen en mörkare, brungul, luden utsida. Locket öppnar sig vid spormognaden och blottar en blekare insida med små vitgula, linsformiga sporgömmen, s k peridioler. Svampen liknar då en miniatyrkorg med småbröd eller ett litet fågelbo med ägg.

Brödkorgssvampen växer allmänt på gammalt, fuktigt trä eller organiskt avfall under juli–oktober. Oätlig.

Strimmig brödkorgssvamp °

Cyathus striatus

Arten har formen av en kruka eller bägare med utsidan täckt av en mörkbrun, tovig "päls". "Krukan" är i början täckt av ett vitt lock. När locket försvinner, framträder ett antal ljusa, linsformiga sporkapslar, liknande bröd i en korg. Svampens insida är blänkande silvergrå med tydliga radiära strimmor eller fåror.

Strimmig brödkorgssvamp blir något högre och bredare än föregående art. Den växer gruppvis på murkna vedrester eller gammal lump, och förekommer mindre allmänt från juli till oktober. Oätlig.

Styvskinn °

Stereum rugosum

Styvskinnet växer vanligen helt utbredd (resupinat) på underlaget men kan ibland ha en framskjutande, smal kant med brun översida. Färgen är blekgul till grågul med röd skiftning, och svampen rodnar tydligt vid tumning. Konsistensen känns korkartat styv, och formen blir oregelbunden.

Arten är allmän och växer på multnande stubbar eller grenar av lövträd. Styvskinnet utvecklas under senhösten och våren och orsakar vitröta. Oätlig.

Raggskinn °

Stereum hirsutum

Raggskinnet har en framskjutande, vågig övre kant, vars översida är gulbrunt ragghårig med svag zonering. Undersidan är tämligen slät, lysande guldgul till orangegul, slutligen grågul. Färgen är iögonfallande genom att svampen, med undantag för den övre kanten, växer tryckt mot underlaget.

Raggskinn förekommer allmänt och växer i mängd på stubbar eller ved av lövträd, där den orsakar vitröta. Särskilt utsatt är björktimmer, vars kapade kortändar under höst och vår bekläds av svampen. Oätlig.

Vårtöra °

Thelephora terrestris

Vårtörats översida är mörkbrun, kraftigt trådfjällig eller borsthårig med påfallande fransad kant. Undersidan blir veckad eller vårtig, ljusare gråbrun, ibland med ton av violett. Med sin korta fot får svampen en mussellik form. Den blir 3–6 m bred och ungefär lika hög. Köttet är tunt och läderartat segt.

Vårtöra förekommer allmänt i skog och mark, och särskilt rikligt på sandigt underlag. Flera exemplar växer tillsammans i en rosettlik grupp, ofta med invuxet gräs eller bärris. Växtperioden är augusti–november. Oätlig.

Busksvamp °

Thelephora palmata

Svampen liknar något en fingersvamp och dess busklikt uppåtriktade grenar utgår från en kort stam eller fot. De platta grenarna är purpurbruna till brunvioletta med ljusa, trubbiga, liksom avhuggna ändfikar. Svampen blir 3–6 cm hög, och har ett segt, läderartat kött.

Busksvamp har en karakteristisk, stark lukt av rutten kål eller lök. Under augusti–oktober växer den tämligen allmänt i barrskogar, såväl direkt på barrförnan som i djupare mossa. Oätlig.

Gulbrun hartryffel °

Rhizopogon luteolus

Den gulbruna hartryffeln visar sig som en liten potatis i jordytan. Den är först vitaktig men blir snart gulbrun och är vanligen stor som en hasselnöt. Svampens yta omges av brunaktiga fibrer liknande rottågor. Köttet är gulaktigt till olivgrönt men mörknar och blir löst, varvid svampen får en vidrig lukt.

Gulbrun hartryffel är oätlig utom för harar och smågnagare. Den växer helst i sandig mark nära tallrötter tämligen allmänt under juli–september.

Rodnande hartryffel ° (*R. roseolus*) liknar föregående men rodnar. Oätlig.

Barrklubbsvamp, ° liten klubbsvamp

Clavariadelphus ligula

Barrklubbsvampen mäter 5–8 cm i höjd och är knappt centimeterbred på den övre, vidgade delen. Den blir klubbformigt ogrenad och blekgul eller ljust sämskfärgad. Ytan är närmast slät, men arten kan vara svagt luden vid basen.

Den sega huden gör svampen elastisk och böjlig. Köttet är vitt och mjukt och har mild lukt men ofta något besk smak. Svampen saknar värde som matsvamp och kan uppträda synnerligen talrikt och allmänt i barrmattan från augusti till oktober.

Stor klubbsvamp *

Clavariadelphus pistillaris

Stora klubbsvampen består av en enda ogrenad fruktkropp. Formen är påfallande klubblik, med det avrundade, kraftigt vidgade klubbhuvudet överst och det gradvis avsmalnande skaftet nederst. Färgen är blekgul, gulbrun till läderbrun. Svampens ytskikt har en seg, hudartad konsistens och får med tiden längsgående, rynkade fåror.

Svampen blir 10–15 cm hög, överst 35 cm och nederst 0,5–1 cm bred. Köttet är vitt och mjukt, med ett poröst, inre märgliknande parti, lukten är svag och smaken mild eller något besk. Stora klubbsvampen har begränsat matvärde, men milda exemplar är användbara som utfyllnad i svampblandningar.

Den förekommer under augusti–september i löv- och blandskog, där den visar sig tämligen allmänt.

Pluggklubbsvamp, * flattoppad klubbsvamp

Clavariadelphus truncatus

Pluggklubbsvampen är en närstående art till föregående och består liksom denna av en enda ogrenad fruktkropp. Svampens vidgade del är dock överst liksom avhuggen eller groplikt nedtryckt. Sedd från sidan liknar den växande klubbsvampen en i marken nedslagen plugg med rynkad överkant.

Färgen är blekgul, gulbrun till läderbrun eller rostbrun. Den kraftiga, sega huden, som längs sidorna får nedlöpande rynkor, är fertil, dvs sporbärande, medan den tilltryckta toppen är steril, dvs saknar sporproducerande förmåga. Pluggklubbsvampen blir vanligen 10–15 cm hög och 3–5 cm bred vid plugghuvudet. Basen är ungefär centimeterbred.

Köttet har vit färg och blir mjukt med svag lukt. Det smakar milt och lätt sötaktigt, ibland dock med något besk anstrykning. Svampen har matvärde men bör blandas med andra, mera smakstarka arter vid tillagningen.

Pluggklubbsvampen påträffas inte så sällan i större bestånd på mossig barrskogsförna under augusti–oktober.

Blomkålssvamp ***

Sparassis crispa

Blomkålssvampen eller krusiga blomkålssvampen hör till jättarna i vår svampflora. Den kan bli 40 cm bred och 30 cm hög och väga flera kilo. Den ovanjordiska delen av svampen utgörs av ett gytter av starkt krusiga, ca 2 cm breda, platta grenar. Färgen är i början vitgul, gulnar efter hand och blir till sist brunaktig. Unga, ljusa exemplar liknar, som namnet anger, ett blomkålshuvud. Foten är kraftig, gulvit och blir 4–8 cm lång. Den förblir underjordisk genom svampens alla utvecklingsfaser.

Svampen har ett broskartat, segt kött som smakar milt. Lukten är aromatisk och särskilt framträdande vid tillagningen. Blomkålssvampen är som ung en utmärkt matsvamp, som antingen kan stuvas och stekas för sig eller blandas med andra arter.

Vid foten av tallstammar och stubbar kan man finna blomkålssvampen, där den visar sig mindre allmänt under augusti–september.

Den närstående *S. laminosa* har släta, talglika grenar. Den växer under ek i Syd- och Mellaneuropa.

Gul fingersvamp **

Ramaria flava

Hos unga exemplar är färgen ljusgul, högul eller äggul, ibland med en laxrosa nyans. Gamla exemplar blir bruntonade. De talrika, runda huvudgrenarna, som utgår från stammen eller foten, delar upp sig buskformat i korta smågrenar. Dessa är i spetsen trubbiga och delade och sitter så tätt att svampen liknar en tuva av gul korall. Sporerna är blekgula.

Foten är vit, tappformad och rätt kraftig. Den växer oftast helt dold av förnan. Svampen blir 10–20 cm bred och ungefär lika hög, varav halva svampen utgörs av roten.

Det spröda köttet är gulaktigt i grenarna men vitt i foten. Lukten är obetydlig men smaken vanligen något besk. Vid stekning eller kokning blir dock smaken mild, varför gul fingersvamp får betraktas som en värdefull matsvamp, helst uppblandad med andra arter. Den växer allmänt i barrskog under augusti–oktober. Förväxlingsart: lömsk fingersvamp (†) (*R. formosa*), se sid 70.

Guldfinger-svamp **

Ramaria aurea

Svampen har först guldgul, sedan ockragul färg och blir 7–12 cm hög och lika bred. Den är tätt, korallikt förgrenad och har ett fast, vitt, i grenarna gultonat kött. Sporerna är gula, vilket lätt kan konstateras vid grenbaserna. Smaken är mild eller något besk, och svampen är ätlig och god. Förväxlingsart: se nedan.

Guldfingersvamp ingår med bl a gul fingersvamp i ett svåravgränsat artkomplex. Den förekommer sparsamt i våra skogar under september–oktober.

Lömsk fingersvamp (†)

Ramaria formosa

Lömsk fingersvamp är som ung tydligt trefärgad. Basen är vit, grenarna rosa och de yttersta grenspetsarna höggula. Äldre exemplar får en enhetlig, orent gulröd ton och kan inte med säkerhet skiljas från andra gula fingersvampar. Arten kan bli 8–18 cm hög och lika bred. Den är vitköttig, har syrlig lukt och som äldre svagt bitter smak. Lömsk fingersvamp är giftig men ger knappast några allvarliga symtom.

Arten är hos oss sällsynt och växer främst i lövskog men även i blandskog under juli–oktober.

Druvfingersvamp **

Ramaria botrytis

Druvfingersvampen är som ung mycket lätt att känna igen. Foten är kraftig och vit till färgen. Den övergår i ett vitt till gulvitt, busklikt grenverk med korta smågrenar. Dessa är runda, blir ofta något böjda och växer mycket tätt. De yttersta grenspetsarna är trubbiga och karakteristiskt färgade i rött eller rödviolett, varigenom de erinrar om små "druvor" i en klase.

Äldre exemplar blir gulaktiga och spretiga och förlorar den röda färgen på grenspetsarna. Hela svampen blir 10–15 cm hög och lika bred.

Det vita, något spröda köttet har mild smak, grenspetsarna kan dock kännas något beska. Druvfingersvampen är en god matsvamp, i synnerhet brynt i olivolja eller smör. Den är till sin förekomst mindre allmän men kan på lämplig mark uppträda i avsevärda bestånd, och genom sin storlek ge riklig skörd i svampkorgen. Arten föredrar bokskog men växer även i blandskog under augusti–oktober.

Granfingersvamp °

Ramaria eumorpha

Granfingersvampen är en relativt spenslig art. Den är ockragul till läderfärgad och kan vid tryck få något gröntonade fläckar. Den blir 4–9 cm hög och 3–5 cm bred med raka, upprepat delade grenar. Dessa är runda, tättväxande och i ändarna märkbart tillspetsade.

Den korta foten är nederst ibland något vitluden. Köttet är brungult, segt och har besk smak. Svampen är oätlig.

I granskogarnas barrmatta finner man granfingersvampen, där den växer allmänt i större eller mindre grupper under augusti–september.

Kärrfingersvamp *

Ramaria paludosa

Arten påminner till form och storlek om gul fingersvamp men avviker i fråga om färgen. Kärrfingersvampen är vit till vitgrå, och de trubbiga grenspetsarna kan med tiden få en blekrosa skiftning. Den blir 10–15 cm bred, 10–20 cm hög och upprepat fingerlikt förgrenad. Basdelen är tämligen svagt utvecklad.

Det bleka köttet har mild smak och lukt. Kärrfingersvampen är ätlig.

Arten förekommer mindre allmänt i mossiga kärrkanter, gärna på något kalkhaltig mark, och kan påträffas under augusti–september.

Kamfingersvamp **

Clavulina cristata

Den unga kamfingersvampen är till färgen mer eller mindre vit. Från basen eller en kort stamlik fot utgår de enskilda huvudgrenarna, som i sin tur är ytterligare förgrenade. De yttersta spetsarna av de något tillplattade grenarna är kamlikt finflikiga, vilket är artens främsta kännetecken. Svampen blir 4–8 cm hög medan bredden kan variera från några centimeter hos smalt förgrenade exemplar till nästan decimetern hos rikt förgrenade "buskar".

Det vita köttet har en något seg konsistens men luktar angenämt och är milt och välsmakande. I ungt tillstånd är kamfingersvampen en utmärkt matsvamp, som klart överträffar sina mera kända gula släktingar. Äldre exemplar blir gråaktiga, gråröda, slutligen gråsvarta och något deformerade, varvid svampen i motsvarande grad förlorar sitt matvärde.

Kamfingersvampen växer ganska allmänt i barr- och blandskogar, där man under augusti–oktober kan träffa på avsevärda bestånd.

En från början askgrå släkting med trubbiga grenspetsar kallas **grå fingersvamp** * (*C. cinerea*) och är ätlig.

Kandelabersvamp °

Clavicorona pyxidata

Svampen är först vit, sedan gulvit med grå ton och slutligen gulbrun. Den har fått sitt namn genom att grenverket är jämnt förgrenat i nivåer, påminnande om armarna på en kandelaber. Grenarna är raka och i ändarna grunt, skållikt utvidgade till små "ljusmanschetter". Foten är kort. Svampen blir 10–15 cm hög och 5–10 cm bred.

Köttet har tämligen elastisk konsistens och föga framträdande lukt och smak. Kandelabersvampen saknar matvärde. Den växer mindre allmänt på murkna lövträdsstockar eller stubbar under augusti–oktober.

Snövit fingersvamp °

Ramariopsis künzei

Hela svampen är vackert snövit. Huvudgrenarna är upprepat delade och liksom smågrenarna runda och bräckliga. Yttergrenarna smalnar av och har rundade ändar. Foten är kort och dåligt utvecklad.

Köttet är vitt och har obetydlig lukt och smak. Snövit fingersvamp saknar matvärde, men har förvisso prydnadsvärde i de lövskogsmarker eller gräsbevuxna lundar där den växer. Den rätt ovanliga arten visar sig under augusti–oktober.

Ängsfinger-svamp °

Clavulinopsis corniculata

Arten känns igen på sin gracila fruktkropp. Färgen går i ljusgult eller äggult. Svampen är upprepat, glest två- eller tregrenad med de yttersta spetsarna tudelade likt små trubbiga, uppåtvinklade horn. Foten är 1–2 cm hög och endast några millimeter bred. Hela svampen blir 3–5 cm hög och 2–3 cm bred. Ytan kan i väta bli något klibbig och köttet är segt med svag lukt och smak av mjöl. Svampen saknar matvärde.

Ängsfingersvampen växer tämligen allmänt bland gräs i lövskog eller på ängar under augusti–oktober.

Fläckkantarell *

Cantharellula umbonata

Fläckkantarellens hatt har en mörkt grå till ljusare, nästan silvergrå färg. Den blir 2–4 cm bred, är tunn och har något inrullad kant. Hattmitten är nedsänkt och har en låg men tydlig puckel. Skivorna är vitgrå, gaffelgrenade och tydligt nedlöpande på foten. De får hos äldre exemplar röda fläckar. Foten är smal, seg och gråtonad.

Köttet har mild smak, och fläckkantarellen är ätlig. Den spensliga arten förekommer allmänt i bergig barrskog med renlav och mossa under augusti–november.

Klubblik trumpetsvamp **

Gomphus clavatus

Denna art är den största och kraftigaste av våra trumpetsvampar. Den köttiga hatten blir 6–10 cm bred. Översidan är gråviolett till grågul och relativt slät, undersidan går mera i rödviolett eller violettbrunt och ytan verkar skrynklig genom ett grenverk av åsar.

Svampen har först ett plugglikt utseende men får snart en mera trattlik form. Hattkanten är oregelbundet inskuren och vågig. Hatten sitter "snett" på foten, och som helhet ger svampen ett osymmetriskt intryck. Foten, som har hattens färger, kan bli decimeterhög och är i motsats till foten hos andra trumpetsvampar fylld.

Köttet är i hatt och fot vitt och har svag lukt och mild smak. Den klubblika trumpetsvampen är en förträfflig matsvamp, i synnerhet stekt, men den fasta foten kan smaka beskt.

Klubblika trumpetsvampen eller violgubben växer i mossig, gärna kalkhaltig, lerig skogsmark. Den växer gruppvis under augusti–september och är tämligen sällsynt.

Svart trumpetsvamp ***

Craterellus cornucopioides

Hatten är trumpet- eller strutformad, blir 4–8 cm bred, och har vågig eller krusig kant, som snart böjs utåt-nedåt. Insidan av hatten är brungrå till brunsvart, ibland helt svart samt småvårtig. Utsidan är ljusare och grå i olika nyanser, emellanåt med en blåaktig ton. Den är slät eller har antydan till åsar.

Hatten fortsätter utan markerad gräns i foten, vars nedre smala parti får en svartbrun färg. Hela svampen är ihålig, har tunt kött och blir 7–12 cm hög. Den har en frisk fruktlukt och angenäm smak.

Svart trumpetsvamp är utomordentligt läcker. Den är lika förnämlig stekt som stuvad och särskilt lämplig att torka.

Svampen växer tämligen allmänt under ek och hassel men är inte ovanlig i barr- eller blandskog. Den förekommer mestadels i talrika och täta grupper, som kan ge en riklig skörd. Växttiden är augusti–september.

Rödgul trumpetsvamp ***

Craterellus lutescens (Cantharellus l.)

Den rödgula trumpetsvampen påminner till formen om föregående art men storleken och färgerna gör att den vanligen förväxlas med trattkantarell.

Svampen är trumpet- eller trattformad med en övre, 4–7 cm bred hattdel, som har utåtvikt, ofta vackert krusig kant. Hattens insida är sotbrun till gulbrun med inslag av grått och är ofta småvårtig eller fjällig. Svampen känns lättast igen på sin lysande rödgula eller gula utsida, som vanligen är rynkad av längsgående åsar eller veck. Bleka, starkt längsrynkade exemplar erinrar mycket om trattkantarell.

Den ihåliga foten utgår utan markerad övergång från hatten och arten blir 7–10 cm hög. Hela svampen är tunnköttig. Smaken är mild och god och doften angenämt fruktlik, närmast påminnande om päron.

Rödgul trumpetsvamp är en läcker matsvamp. Den kan stekas eller stuvas för sig eller anrättas i blandning med andra arter.

I augusti–september kan man räkna med att träffa på denna dekorativa trumpetsvamp i kalkrik, mossrik, fuktig barrskog med gran, gärna invid något kärr. Den förekommer tämligen allmänt i talrika bestånd, men skörden kan på sina håll reduceras genom att den betas av bl a älg.

Kantarell ***

Cantharellus cibarius

Kantarellen är utan jämförelse vår mest omtyckta matsvamp och välkänd för envar som vandrar i skog och mark.

Hela svampen kan vara blekt gul, äggul eller vackert guldgul. Hatten är hos unga exemplar något välvd med inrullad kant, medan äldre exemplar blir grunt trattlika med vågig eller krusig kant. Hattbredden kan bli drygt decimetern. Undersidan är beklädd med rynkade, längsgående åsar, som sinsemellan har tvärförbindelser. Kantarellen räknas således inte till skivlingarna. Åsarna är långt nedlöpande på foten, som är slät och avsmalnande nedåt; den blir 5–10 cm hög. Vid beröring får svampen bruna fläckar.

Köttet är vitt men har ibland en gul ton. Den nyplockade kantarellen har en härlig fruktdoft och en pepparstark smak (jfr det tyska namnet *Pfifferling*), som dock avsevärt mildras vid tillagning. Kantarellen är en läcker matsvamp, och brynt i olivolja eller smör, kryddad endast med en nypa salt, är den en delikatess.

Kantarellen, även kallad vanlig eller gul kantarell, växer allmänt i mossig barrskog eller blandskog, särskilt under år med mycket försommarregn. Den är mykorrhiza-(svamprot-)bildande och kräver någon form av skog för sin existens. Redan i juni kan de första "knopparna" visa sig, och svampen växer långt in i oktober.

Blek kantarell ***

Cantharellus pallens

Den bleka kantarellen ansågs tidigare vara en lövskogsform av vanlig kantarell men räknas numera som en särskild art. Hattens översida är blekvit eller svagt vitgul. Unga exemplar har något välvd hatt med starkt inrullad kant. Hos äldre exemplar är hatten utbredd med nedsänkt mitt. Den blir dock sällan så trattformig som hos vanlig kantarell. Hattens undersida har vanligen en lysande äggul eller guldgul färg men kan också ha översidans bleka nyans. Den synnerligen köttiga hatten blir ända upp till 15 cm bred och har vågig kant. Foten kan bli decimeterhög och har tapplik form.

Som helhet verkar svampen avsevärt kraftigare än vanlig kantarell. Köttet är vitt i hatt och fot, och svampen får bruna fläckar vid beröring. Lukten framträder liksom smaken mindre utpräglat hos den bleka kantarellen än hos den vanliga, men den bleka är likväl en utsökt matsvamp.

Den växer tämligen allmänt i ren lövskog med hassel, bok, ek eller björk från början av juli t o m september.

Trattkantarell ***

Craterellus tubaeformis (Cantharellus t.)

Trattkantarellen visar sig senare på året än de flesta andra svampar och kallas därför även höstkantarell. Hatten är tunn, ibland finfjällig och färgad i gråbrunt, brunt till brungult. Den blir trattformig eller djupt navlad med rynkad, 3–7 cm bred kant. Hattens undersida bekläds av för kantarellsläktet typiska åsar. Dessa är rätt glesa, tjocka, gaffelgrenade och långt nedlöpande på foten. Åsarnas grundfärg är grågul men de blir ofta vitpudrade av sporerna. Foten får orent gul till gulgrå färg, är smal, ihålig och 5–8 cm hög.

Hela svampen har tunt kött med seg konsistens. Den föga framträdande men behagliga doften och den milda, goda smaken gör trattkantarellen till en förstklassig och eftersökt matsvamp. Förutom att stekas eller stuvas lämpar den sig särskilt väl för torkning och som ingrediens i svampsoppor.

Arten förekommer i mossig barrskog, många tillsammans i täta grupper eller långa rader, som dock kan vara nästan omöjliga att upptäcka i skogsdunklet. Under september–oktober har trattkantarellen sin högsäsong, men många låter sig plockas långt in i november, när de flesta andra svampar dukat under för frostnätterna.

Blek taggsvamp ***
Hydnum repandum

Blek taggsvamp är den mest bekanta av våra taggsvampar. Hatten är blekvit med inslag av gult eller gulrött. Den blir oregelbundet formad med buktad kant och 6–12 cm bred. Hattundersidan täcks av sylformade, sköra, tätt ställda taggar. Dessa är först vitaktiga men får efter hand hattens färg. Taggarna löper ett stycke ned på foten. Den vanligtvis centralställda, ibland sidoställda foten har vit färg, blir 5–7 cm hög och 2–4 cm tjock.

Svampen har ett vitt kött, som lätt går sönder vid plockning och hantering. I färskt tillstånd smakar köttet rätt skarpt, men skärpan försvinner vid tillagningen av svampen. Lukten är svag.

I gruppen "klassiska matsvampar" har den bleka taggsvampen en given plats som den idealiska blandsvampen, även om den är utmärkt att tillaga för sig. Den milda, neutrala smaken och den kraftiga, köttiga konsistensen gör att den "fyller ut" en anrättning med mera smakstarka arter. Den är dessutom sällan larvangripen.

Blek taggsvamp trivs i mossig barr- och blandskog, gärna på fuktiga platser, liksom bland de nedfallna löven i bokskog. Den är allmänt förekommande och kan växa många tillsammans i täta grupper eller kroklinjer under augusti–november.

Rödgul taggsvamp **

Hydnum rufescens

Hatten är ljusare eller mörkare rödgul och blir 3–7 cm bred. Liksom den bleka arten har den rödgula taggsvampen oregelbundet formad hatt med tydligt buktad kant. Hatten är dock hos den rödgula avsevärt tunnare och bräckligare. Taggarna får en ljusare rödgul ton än hatten och har gulvita, påfallande trubbiga spetsar. Foten har samma färg som hatten, blir 4–7 cm hög och ca 1,5 cm tjock. Den är oftast centralställd.

Köttet får rödgul ton och blir mycket skört; det har en mild och god smak utan framträdande lukt. Som matsvamp är rödgul taggsvamp användbar eller rent av god. Den förekommer allmänt i löv- och barrskog, gärna på fuktig mark, och växer i grupper eller kroklinjer under augusti–oktober.

Fjällig taggsvamp *

Sarcodon imbricatus

Hatten har en ljust grå till gråbrun grundfärg och är klädd med stora, mörkbruna, tilltryckta eller delvis utspärrade fjäll. Den är kraftig och blir 15–25 cm bred. Hos unga svampar kan hatten vara något välvd, medan utvecklade exemplar blir utbredda och får navlad mitt och vågig kant. Taggarna är långa, syllika, något nedlöpande och sitter mycket tätt. De har länge gråaktig ton men blir till sist bruna. Foten blir 5–8 cm hög och 2–3 cm tjock och har ofta avsmalnande, vitluddig bas. Det kompakta köttet är vitt med grå ton.

Yngre exemplar har en mild, något sötaktig smak, medan äldre svampar blir kärva eller beska. Som matsvamp är den fjälliga taggsvampen diskutabel. Vid vanlig tillagning får den en särpräglad, genomträngande smak, som helt dominerar vid blandning med andra, mera välsmakande arter. Svampen lär dock vara användbar inlagd som sill eller som ingrediens i vanlig pytt-i-panna.

Fjällig taggsvamp är allmän i barrskog under augusti–oktober och fångar genom sin storlek och utseende berättigad uppmärksamhet. En obruten häxring med 5–6 meters radie, något som påträffas här och var, ger en sällsam mystik åt den mossiga storskogen.

Besk taggsvamp °

Sarcodon scabrosus

Arten påminner om fjällig taggsvamp men skiljs säkrast från denna på smaken. Hatten är rödbrun och blir 7–15 cm bred. Den är klädd med mörkare trubbiga fjäll. De korta taggarna får först grå, sedan gråbrun färg. Foten har grå ton, får blåsvart fotbas och blir 4–7 cm hög. Svampen smakar beskt och är oätlig.

Den är sällsynt och växer i gammal barrskog under september–oktober.

Bitter taggsvamp (†) (*S. fennicus*) är en grågul art med blåsvart fotbas och doft av bittermandel. Smaken är bitter. Sällsynt barrskogsart. Oätlig.

Orangegul taggsvamp °

Hydnellum aurantiacum

Hatten är som ung silkesvit och finluden. Äldre exemplar blir orangegula och till sist brunaktiga. Hatten har ojämn yta och blir 4–10 cm bred. Taggarna är vita men blir efter hand brunaktiga med vit spets. Foten blir prydligt orangegul med sammetsyta och 4–7 cm hög.

Ett längdsnitt visar att svampen har formen av en fylld tratt och att det sega köttet är tydligt zonerat i rödgula toner.

Orangegul taggsvamp är oätlig. Den växer gruppvis i barr- eller blandskog under augusti–oktober och är tämligen allmän.

Välluktande taggsvamp, ° dofttaggsvamp

Hydnellum suaveolens

Hatten är matt vitaktig med ton av violett och gulbrunt. Formen är oregelbunden, ytan ojämn och knottrig. Den blir ca 10 cm bred. Taggarna har blå ton, bleknar och blir slutligen brunaktiga. Foten är mörkt blå, kort och tappformig. Det sega köttet är vid längdsnitt skiktat i ljust och mörkt blått, ofta med invuxna grässtrån.

Välluktande taggsvamp har en intensiv doft av anis eller lavendel. Den är oätlig men användes förr till att sprida väldoft i linneskåp. Arten växer flockvis tämligen allmänt i barr- och blandskog.

Dropptaggsvamp, ° röddroppig taggsvamp

Hydnellum ferrugineum

Den unga svampen är pluggformad med matt, ljust brun, slät hatt. Som äldre får hatten en mörkare, rödbrun, ojämn yta. Taggarna, som är nedlöpande, är först ljusa, sedan rödbruna med ljus spets. I fuktig väderlek bildas vinröda vätskedroppar på hattens översida. Denna vätska kan även kramas ur svampen. Foten blir 3–5 cm hög och tappformig. Köttet är rödbrunt och korkartat segt. Svampen smakar milt, luktar svagt av mjöl men är oätlig. Dropptaggsvampen är tämligen allmän i mossig barrskog under augusti–oktober.

Raggluden taggsvamp °

Hydnellum mirabile

Denna märkliga art kan som en tvättsvamp suga upp stora mängder vatten. Hatten är ljust brun hos den unga svampen, men får snart inslag av gult och blir slutligen mörkbrun. Ytan känns luden eller raggig av rätt grova hår och har något oregelbunden form. Den blir 5–10 cm bred. Taggarna, som är nedlöpande, har hattens färgfaser. Foten blir kort och tappformig. Lukten är gurklik, men svampen saknar mategenskaper.

Raggluden taggsvamp är sällsynt och förekommer i mossig barrskog under september–oktober.

Svart taggsvamp °

Phellodon niger

Denna art skiljer sig från övriga taggsvampar genom sin svarta färg. Hatten är 4–7 cm bred, finluden och färgad i svart med blå ton. Hattkanten bildar en silvergrå bård runt det svarta, och svampen får i solljus vacker sidenglans. Foten blir mycket kort och tappformig. Köttet är segt utan framträdande lukt och smak. Svampen saknar matvärde.

Svart taggsvamp påträffas mindre allmänt men förekommer enstaka år lokalt rätt talrikt i mossig barrskog under augusti–oktober.

Gyttrad taggsvamp *

Creolophus cirrhatus

Den enskilda fruktkroppen blir tunglik eller musselformad och saknar tydlig uppdelning i hatt och fot. Färgen är vit till vitgul och övergår i väta till en mer rosa eller rödgul ton. Svampen blir ca 10 cm hög, nästan lika bred och vid fästet drygt 5 cm tjock. Översidan är mer eller mindre beströdd med olikstora, piggliknande taggar. Undersidans taggar verkar påfallande långa och smala och sitter tämligen glest. Svampen har ett ljust, fast kött, som luktar och smakar milt.

Gyttrad taggsvamp är ätlig. Den bildar täta, ofta taktegellagda gyttringar av fruktkroppar, som ensidigt fäster vid multnande stubbar. Trädslaget är företrädesvis björk men ibland även asp. Den rätt ovanliga svampen kan genom sitt gyttrade växtsätt bilda dekorativa och "spännande" formationer, varför den helst bör få sitta kvar och pryda sin rätta miljö. Gyttrad taggsvamp är inte vanlig men kan med lite tur studeras under augusti–oktober.

Koralltagg-svamp °

Hericium coralloides

Denna vackra art utbildar från en stamliknande fot ett yppigt, korallformat grenverk. Nyss framsprungen är svampen snövit, men med tiden får den en gul och slutligen gulbrun ton. Varje enskild gren är fransad av upp till 2 cm långa, smala, nedhängande taggar. Fullt utvecklad kan svampen bli 30–50 cm hög och lika bred.

Köttet känns lätt och något segt och har en mild lukt och smak. Att rekommendera arten som matsvamp, vilket tyvärr förekommer, är närmast oansvarigt. Denna sällsynta skönhet borde i stället skyddas mot plockning genom fridlysning, i synnerhet som dess huvudsakliga växtmiljö – gamla murkna kullfallna björk- och bokstammar – starkt hotas av renodlade skogsbruksmetoder.

Koralltaggsvampen lär på ett avgörande sätt ha inspirerat den unge Elias Fries till att bli vår mest betydande svampkännare. Den utvecklas under perioden juli–september.

Örtaggsvamp °

Auriscalpium vulgare

Hatten är njurlik eller formad som ett öra. Den blir först rödbrun, sedan brun och slutligen svartbrun. Ytan är borstluden och hatten blir 1–2 cm bred. De sega och förhållandevis långa taggarna har länge grå ton men blir slutligen svartbruna. Foten har hattens färger, är smal och borstluden.

Hela svampen är påfallande seg och elastisk. Den oätliga svampen växer med en rotlik förlängning på multnande tallkottar, som begravts i näringsrik förna eller kompost. Svampen är inte ovanlig och kan påträffas under hela året.

Korkmussling °

Daedalea quercina

Svampen har som mycket ung ljust gulblek ton men får snart gulgrå och slutligen brungrå färg. Den blir 15–25 cm bred och vid basen 8–15 cm tjock. Översidan är fårat zonerad med något buktad kant. Undersidan har oregelbundet sammanvuxna skivor, vilka med mellanliggande avlånga porer bildar ett labyrintliknande mönster.

Köttet är gulbrunt, segt och påfallande likt vanlig kork. Svampen saknar matvärde. Korkmusslingen växer utan fot, konsolformat och är flerårig. Den påträffas ganska allmänt på gamla ekstubbar.

Vedmussling °

Gloeophyllum saepiarium

Vedmusslingen blir rostbrun till brun i ljusare eller mörkare toner. Den är tydligt borsthårig, och unga exemplar kan få en vackert gul eller orangegul kant. Den bruna undersidan har skivlika väggar mellan de stora avlånga porerna, vilka liksom hos föregående art bildar ett labyrintliknande mönster. Fruktkroppen är rätt tunn och blir 3–7 cm bred. Den har ensidigt mussellikt utseende och saknar fot. Det sega bruna köttet saknar allt matvärde.

Vedmusslingen, som är ettårig, förekommer allmänt på stubbar eller timmer av barrträd, där den orsakar krympningsröta.

På björk förekommer rätt allmänt den grå, strävludna, ofta något zonerade **björkmusslingen** ° (*Lenzites betulina*), vars undersida bekläds av vita eller gråaktiga skivor.

Fårticka **

Albatrellus ovinus

Fårtickan måste betraktas som den matnyttigaste och mest kända av våra tickor. Hatten är hos unga exemplar matt vit men får hos äldre en grågul ton. Den blir 10–20 cm bred och något oregelbundet formad med mjukt buktad kant. Hattytan är först slät men kan hos äldre svampar spricka upp rutformigt. Rören är i början vita men övergår i gulvit ton. De har mycket små mynningar och är något nedlöpande.

Foten blir 3–5 cm hög och 2–3 cm tjock och är vanligen centralställd. Den har hattens färg, vanligen i något ljusare nyans, och är ofta en smula krökt.

Köttet är vitt och fast men får efter hand en gul eller gulgrön ton. Lukten känns behaglig och smaken har en lätt anstrykning av mandel. Som ung är fårtickan en förnämlig matsvamp. Genom sin kraftiga byggnad och milt "neutrala" smak är den en idealisk och följaktligen eftersökt blandsvamp, som vid tillredningen får arom från mera smakstarka arter. Den erinrar härvidlag inte så litet om blek taggsvamp. Alltför gamla exemplar kan få besk smak och bör få stå kvar som sporproducenter.

Fårtickan förekommer både allmänt och rikligt i mossiga barr- och blandskogar under augusti–oktober. (Dubbelgångare: se följande art.)

Brödticka *

Albatrellus confluens

Brödtickan är en dubbelgångare till fårtickan och förväxlas ofta med denna. Den unga brödtickans hatt är dock aldrig rent vit som fårtickans utan har en ton av rosa eller ljust gulrött. Äldre hattar får en mörkare färg med inslag av gulbrunt. Hatten är oregelbundet buktad, med mjukt vågig, länge inböjd kant. Den blir 6–12 cm bred. Rören är vita med små mynningar och nedlöpande på foten. De får vid tryck gulröda fläckar.

Foten blir 4–8 cm hög och är hos en del exemplar centralställd, medan andra har den mer excentriskt placerad. Svampen har i hatt och fot vitt kött med fast konsistens och en angenäm doft. Unga brödtickor med mild smak är fullt användbara som matsvampar, medan äldre och beska exemplar bör kokas av före tillredningen eller lämnas kvar i skogen.

När det gäller växtmiljön har brödtickan i stort sett samma krav som fårtickan, dvs mossig barr- och blandskog. Beträffande växtsättet skiljer sig dock de båda arterna markant. Fårtickan växer vanligen enstaka, medan brödtickan oftast växer med flera exemplar tillsammans i en tät gyttring, där hattarna täcker varandra som taktegel. Brödtickan förekommer ganska allmänt från juli till in i oktober.

Svavelticka °

Laetiporus sulphureus

Svaveltickan framträder först som en finluden, gul, formlös bildning av en knytnäves storlek. Snart nog utvecklar svampen ett flertal 20–30 cm breda hattar, som likt taktegel delvis täcker varandra. Den enskilda hatten är matt gul till gulröd med mörkare ton mot den vågiga hattkanten. Den saknar markerad fot. Undersidan är täckt av ett lysande svavelgult porlager, vars rör är korta och fina. Vissa svamptuvor kan mäta en dryg halvmeter i längd och bredd.

Köttet är hos unga hattar vitgult och saftigt med syrlig smak och lukt. Den gamla svampen blir bruntonad och får påtaglig viltdoft. Mycket unga hattar lär kunna ätas efter avkokning, men detta rekommenderas knappast.

Den dekorativa arten växer framför allt på ek men även på pil och andra lövträd, där den orsakar s k rödröta. Svaveltickan är ettårig och utvecklas tämligen allmänt från slutet av maj till september.

Jätteticka *

Meripilus giganteus

Jätteticka gör verkligen skäl för sitt namn. Hela svampen kan bli över 1 m bred och består av ett flertal blad- eller brett tunglika hattar, som tuvformat utgår från en stamlik fot. Hattarna böjer sig mjukt utåt–nedåt och täcker delvis varandra som taktegel. Den enskilda hatten är som ung ljust gulbrun och något småfjällig med mörkare tjock kant. Äldre hattar får en varmare brun färg, blir djupt flikiga och tunnar ut mot kanten. Som mest kan en enskild hatt bli 35 cm bred och 2 cm tjock.

Porlagret på hattundersidan är rent vitt men får vid tryck eller tumning först gråröda och sedan gråsvarta fläckar. De korta rören har små mynningar. Foten är vit, ganska kort och kraftig. Köttet har vitaktig ton men rodnar vid brytning och blir till sist svartaktigt. Det är segt och trådigt och har mild, lätt syrlig smak och lukt.

Jätteticka är som ung ätlig och lär kunna användas till soppa. Den bör dock, framför allt på grund av sin sällsynthet, få växa i fred. Utbredningen i vårt land är sydlig, och svampen förekommer näppeligen längre norrut än i Stockholmstrakten. Den utvecklas från basen av ek- och bokstammar eller stubbar under augusti–september.

Korallticka *

Griphola frondosa

Svampen består av en enda stor, korallik tuva, uppbyggd av 50–100 mindre blad- eller spatelformade hattar. Dessa är som unga matt gråblå eller brungrå med buktad kant och blir som äldre lätt strimmiga med grågul ton. Undersidan har ett tunt, vitt, nedlöpande porlager med fina rörmynningar. Den vita foten är tjock och stamlik men delar upp sig i ett tätt grenverk av mindre stammar, på vilka de enskilda hattarna växer.

Hela svampen kan bli en dryg halvmeter hög och bred och väga 5–10 kg. Köttet är vitt, hos unga exemplar något segt, och har mild smak och mjöllik doft. Äldre svampar blir spröda och får en lukt och smak som starkt erinrar om hasselnötter. Eftersmaken känns dock sammandragande kärv eller syrlig.

I tidigt utvecklingsskede anses koralltickan ha matvärde. Den är emellertid alldeles för vacker och sällsynt för att plockas som matsvamp. Något enstaka exemplar kan möjligen insamlas för undervisningsändamål. Annars kommer den bäst till sin rätt på växtplatsen vid basen av en bok- eller ekstam, liksom vid stubbar och rötter av nämnda trädslag. Under augusti–oktober kan man med lite tur träffa på denna märkliga art.

Grenticka, ° hatticka

Polyporus umbellatus

Från en vit, kraftig stam utgår en mängd grenar (50–200 stycken) som var och en har en 2–4 cm bred hatt. Den är grågul till ljust gråbrun och mörkare mot mitten. Hattformen blir något trattlik och ytan grynig eller småfjällig. Det tunna, vita rörlagret är långt nedlöpande.

Hela svampen blir 10–20 cm hög, och bildas ur en svart rotknöl, s k sklerotium, i marken. Den sällsynta och vackra grentickan växer vid basen av ek och bok under augusti–september. Arten är möjligen ätlig, men bör snarare skyddas än plockas.

Rotticka °

Heterobasidion annosum

Översidan är vanligen mörkt brun till svartbrun, ibland gulbrun. Ytan är småpucklig eller fårad och svagt luden. Längden blir 20–30 cm, medan bredden sällan överstiger 5 cm. Det man ser av svampen är dess breda, vita till gräddvita porlager.

Svampen är oätlig. Rottickan, eller röttickan, växer på rötter av främst tall och gran och ger s k brunröta. Den gynnas säkerligen av ett ensidigt skogsbruk och kan orsaka skador av ekonomisk betydelse. Arten är flerårig och allmän i hela landet.

Klibbticka °

Fomitopsis pinicola

Klibbtickan tillhör gruppen fleråriga, trähårda tickor. Den visar sig vanligen först som en lackglänsande, rödgul kudde men växer med tiden ut konsol- eller hovformat. Färgen blir sotbrun till gråsvart med vackert röd eller orangegul, klibbig kant, som kan avsöndra klara droppar. Den är fårat zonerad av s k "årsringar", av vilka den röda kanten utgör den senaste tillväxtzonen.

Tickan blir 10–25 cm bred och vid basen 5–8 cm tjock, något tunnare mot kanten. Undersidans porlager är vitgult till svavelgult och har en frisk, syrlig doft. Klibbtickan kallas också *granticka*, eftersom den parasiterar företrädesvis på gran. Den väljer dock inte sällan tall, björk, bok och olika fruktträd. Den orsakar brunröta, varvid veden blir brun och skör och spricker sönder i små fyrkanter, som slutligen faller sönder i ett pulver.

I vårt land är klibbtickan mycket allmän, särskilt i skogar med stubbar och vindfällen. Fruktkroppens årliga tillväxt sker från vår till höst. Bjärt färgade exemplar kan vara mycket granna att beskåda, i synnerhet vid fuktig väderlek. Svampen saknar matvärde.

Björkticka °

Piptoporus betulinus

Björktickan blir först synlig som en kuddlik bildning, som redan under högsommaren tränger fram genom björknävern. Den helt utvecklade fruktkroppen blir njurformad och köttig och 10–20 cm bred. Tjockleken är vid fästet 6–10 cm men minskar mot den länge inböjda, jämna eller buktade kanten. Ovansidan har en gråvit till gråbrun överhud, som med tiden flagnar av, vilket kan ge svampen ett helt vitt utseende. Porlagret är rätt tunt med små rörmynningar. Det har först vit färg, blir snart gultonat och slutligen brunaktigt.

Köttet är hos unga svampar vitt och mjukt och har syrlig lukt och smak. Det får så småningom en korkartad konsistens och blir till sist lätt och sprött som cellplast. En ung, slät fruktkropp kan ge ett nog så aptitligt intryck, men svampen är oätlig. Den har däremot haft helt andra användningsområden i hushållet, t ex som nåldyna eller rakstrigel.

Björktickan utvecklas vanligen på döende eller skadade träd, vars ved brutits ned av en först ljust brun, slutligen gulvit röta. Arten förekommer allmänt i hela landet och uteslutande på björk, vars angripna stammar kan bli rikligt beströdda av fullt utvuxna fruktkroppar under oktober–november.

Cinnoberticka °

Pycnoporus cinnabarinus

Cinnobertickan känns lätt igen på sin iögonfallande färg. Hattens översida är ojämn och mer eller mindre cinnoberröd, vanligen med nyanser i orange eller grågult. Undersidans porlager har en intensivt mönjeröd eller cinnoberröd färg. Rören har små mynningar. Tickan blir 2–6 cm bred och vid basen 1–1,5 cm tjock.

Den är ensidigt musselformad och fäster på underlaget utan fot. Köttet blir rödaktigt och har seg konsistens. Cinnobertickan är en vacker svamp, som lyser upp de döda lövträdsgrenar den lever på. Vanligen förekommer tickan på rönn men även på hägg och björk och orsakar vitröta. Den är ettårig och kan studeras mindre allmänt både höst och vår. Oätlig.

En annan mindre allmän art, som gärna växer på rönn, är **lystickan** ° (*Hapalopilus nidulans*). Den liknar till form och storlek cinnobertickan men är ljust tegelfärgad till gråröd. Oätlig.

Sotticka °

Ischnoderma benzoinum

Hatten har sotbrun eller mörkt rödbrun grundfärg med diffusa blålila zoner. Ytan är fint strävluden. Hatten har mussellik form med en något smalare basdel. Svampen blir 10–15 cm bred och ungefär lika lång. Porlagret är till en början vitt och har små rörmynningar. Det får vid beröring mörkare fläckar och blir hos äldre exemplar brunt. Den unga hatten är tämligen mjuk och köttig men blir snart läderartat seg och tunn. Kanten är nedåtböjd och djupt vågig eller rynkad, vilket hela svampen slutligen blir. Arten är oätlig.

Sottickan förekommer såväl enstaka som i smärre grupper. I det senare fallet kan hattarna antingen växa fria eller täcka varandra som taktegel och vara sammanvuxna vid basen. Svampen orsakar vitröta och är vissa år tämligen allmän på murkna stubbar av gran och tall men väljer någon enstaka gång även lövträd, t ex bok och ek. Den är ettårig och börjar utvecklas i augusti, men färska exemplar kan påträffas långt in i november.

Lackticka °

Ganoderma lucidum

Hatten har glänsande rödbrun färg med en svart violett nyans. Ytan är hård med fårade zoner och ser ut att vara lackerad. Den har njur- eller mussellik form med mjukt vågig kant. Hattbredden varierar mellan 10 och 30 cm medan tjockleken vanligen är 2–3 cm.

Porlagret, som i början är blekgult men får ljusbrun färg, har fina rörmynningar. Den sidoställda foten har hattens färg och lyster, blir 5–10 cm hög och 2–3 cm tjock. Lacktickan är rätt sällsynt och växer på stubbar av al och ek under juni–oktober. Oätlig.

Platticka °

Ganoderma lipsiense
(G. applanatum)

Plattickan har liksom lacktickan en hård, skallik hatthud. Den är ojämnt fårad och zonerad, till färgen gråbrun eller kanelbrun, men saknar lacktickans glans. Hattkanten är ojämn och har ofta en vitgrå bård. Svampen blir 15–40 cm bred och lika lång men bara 2–4 cm tjock, vilket ger den ett tillplattat utseende. Porlagret är i början vitt men blir senare brunaktigt och ibland flerskiktat. Köttet är brunt och korkartat.

Plattickan orsakar vitröta och är tämligen allmän året om på döda stubbar och stammar av lövträd. Oätlig.

Fnöskticka °

Fomes fomentarius

Det unga svampanlaget är gulbrunt och finludet. Under utvecklingen antar tickan en ljusgrå till silvergrå färg med nästan vit kant. Gamla fnösktickor får mörkt grå eller ibland nästan svart färg. Svampen har formen av en hästhov och blir 15–30 cm bred och vid basen 10–20 cm tjock. Översidan har breda, fårade zoner. Undersidans porlager är i början grått men blir brunaktigt och har små rörmynningar. Ytskiktet hos fnösktickan är trähårt, medan det bruna köttet är korkartat segt och silkestrådigt.

Svampens torkade innanmäte, fnöske, är ett lättantändligt material som förr användes när man slog eld med flinta och stål. Tickan lär även ha använts för bl a klädestillverkning. Den saknar dock matvärde.

Fnösktickan är funnen på de flesta av våra lövträd men växer allmänt endast på björk och bok. Den förekommer både på upprätta och kullfallna stammar, som från bas till topp kan beklädas av talrika fruktkroppar. Svampen orsakar vitröta hos värdträdet. Den är flerårig.

Zonticka °

Trametes ochracea
(T. zonatella)

Zontickans fruktkropp är som namnet antyder mönstrad i fint sammetsludna eller kala zoner. Färgerna går från rödbrunt till gråvitt utan framträdande mörka partier. Bredden är 3–6 cm och tjockleken varierar från 2 till 15 mm, tunnast vid kanten. Porlagret är vitt till gräddgult med små, kantiga porer. Köttet är ljust och korkartat segt. Svampen saknar matvärde. Zontickan uppträder från höst till vår på döda stammar av huvudsakligen björk och asp, där den orsakar s k vitröta. Förväxlingsarter: se sidenticka och borstticka.

Sidenticka °

Trametes versicolor

Denna art erinrar till form och storlek mycket om zontickan, men avviker genom färgen. Fruktkroppens ovansida är mönstrad med gråbruna och svarta zoner som kontrasterar mot den ljusa kanten. Den sammetsludna ytan har en vacker sidenreflex. Porlagret är vitt eller vitgult och fint. Sidentickan växer från höst till vår ofta i taktegellagda grupper på döda stammar och stubbar av lövträd, i synnerhet bok. Oätlig. Förväxlingsarter: se zonticka och borstticka.

Borstticka °
Trametes hirsuta

Borsttickans sträva, grovt borsthåriga översida skiljer arten väl från de närstående fint sammetshåriga arterna zon- resp sidenticka. Färgen är vit eller gråvit, mönstret svagt zonerat och formen närmast mussellik. Den blir 5–10 cm bred och 5–10 mm tjock. Undersidans porlager är först gråvitt, senare grått med fina kantiga öppningar. Köttet är segt och kork- eller läderartat. Smaken är bitter och arten är oätlig. Borsttickan hör till våra allmänna vedsvampar, och den påträffas på döda grenar och stammar av ett flertal vanliga lövträdsarter s s björk, asp och ask från höst till vår.

Trådticka °
Climacocystis borealis

Denna ljusa ticka lyser inte sällan upp den täta barrskogens dunkel. Den blir 6–15 cm bred och mussellik med smalare bas. Hela svampens färg är vit till gulvit eller ljust gulröd med mer eller mindre tovigt hårig översida. Undersidan har något oregelbundna, kantiga, knappt millimeterstora porer. Tickan ger ofta ett tämligen köttigt intryck. Det trådiga köttet har mild smak. Svampen är oätlig. Trådtickan pryder stubbar av gran, ibland i stora iögonfallande grupper, och orsakar där brunröta. Den är ettårig och visar sig tämligen allmänt från september månad.

Eldticka °

Phellinus igniarius

Eldtickan är färgad i grått, gråsvart eller helt svart, ofta med kontrasterande vit kant. Den blir hov- eller konsolformad, 10–20 cm bred och 6–12 cm tjock vid basen. Ytan är grovt fårad, zonerad och ofta uppsprucken. Porlagret är matt gråbrunt till rostrött och har mycket fina rörmynningar. Köttet stöter i brunt. Eldtickan känns trähård rätt igenom, något som skiljer den från fnösktickan, som har porösare innanmäte. Den angriper och framkallar röta hos olika slag av lövträd, t ex oxel, pil och al.

Eldtickans egenskap att brinna långsamt gjorde att den förr gärna användes för att hålla elden vid liv i spisen under natten. Svampen är flerårig och allmän.

På vissa trädslag uppträder eldtickan i så annorlunda skepnad att den betraktas som en särskild art eller underart.

På ek förekommer en grov art av något ljusare färg. Den kallas **ekticka** ° (*P. robustus*). På plommonträd växer den vanligen utbredda (resupinata) **plommontickan** ° (*P. tuberculosus*) och på björk den glänsande **svarta eldtickan** ° (*P. nigricans*). På asp påträffas dels den allmänna **asptickan** ° (*P. tremulae*), dels den sällsyntare **stora asptickan** ° (*P. populicola*). Samtliga arter och former av eldticka är oätliga.

Lukttticka °

Osmoporus odoratus
(Gloeophyllum odoratum)

Lukttickan har en mjukt finluden yta och kan ge ett oregelbundet kudd- eller dynlikt intryck, i synnerhet om flera svampar växer ihop. Den enskilda fruktkroppen blir 6–10 cm bred och lika lång och 2–4 cm tjock. Färgen är först ljusbrun, sedan mörkare brun, och kanten lyser under tillväxtskedet vackert orangegul. Porlagret blir rostbrunt.

Köttet är mjukt. Svampen har en frisk, om fänkål erinrande doft. Den oätliga tickan bekläder tämligen allmänt ovansidan av multnande barrträdsstubbar under juli–november.

Alticka °

Inonotus radiatus

Den utvecklade hatten har gulbrun till kanelbrun färg och blir luden eller trådig. Formen är konsollik och bredden liksom höjden vid basen mäter ca 5 cm. Porlagret är länge silverskimrande men får slutligen en brun ton. Rörmynningarna är fina. Det rostgula, korkartade köttet blir trähårt vid intorkning. Svampen är oätlig. Hundratals tickor kan ibland bilda vackra mönster på gamla alstammar, där svamparna genom sin breda bas binds samman med varandra. Arten är ettårig och tämligen allmän.

Rävticka °

Inonotus rheades

Den unga rävtickan är gul eller gulbrun med matt yta. Som äldre får den en rävröd till rödbrun färg och bekläds med korta, styva borst. Den är konsolformad och blir 5–10 cm bred och vid basen 3–6 cm hög. Porlagret är först blekt men får med tiden en rödgul och slutligen rödbrun färg. Det fasta köttet lyser brandgult till rostbrunt och har hos unga exemplar en lukt som påminner om härsken olja.

Rävtickan är oätlig. Den förekommer på döda stammar av asp, där åtskilliga fruktkroppar kan växa över varandra, fria eller taktegellagda. Den ettåriga svampen påträffas ganska sällan men visar sig här och var under augusti–oktober.

Pälsticka °

Inonotus hispidus

Pälstickan växer på levande träd och tränger fram genom barken som en liten guldgul kudde. Vid gynnsam väderlek är svampen fullt utvecklad efter omkring en vecka. Den blir snart gulbrun och hårig och efter ytterligare en tid brunröd. Gamla, torra exemplar får svartbrun färg.

Fruktkroppen är konsolformad och blir 15–30 cm bred, 4–8 cm hög vid basen, tunnare mot kanten. Porlagret har först vitgul ton men mörknar till gulbrunt och blir slutligen rödbrunt. Det rostbruna, sega köttet är påfallande saftigt, och genom rören på nyligen utvecklade exemplar sipprar ofta gula vätskedroppar fram, som färgats av svampens sporer.

Den oätliga pälstickan är ettårig och sällsynt. Arten växer hos oss endast på Gotland och Öland och företrädesvis på oxel och ask samt på äppelträd. De första tickorna visar sig redan i juli, men de gamla torra, svartbruna fruktkropparna sitter kvar och kan studeras under senhösten och vintern.

Tårticka °

Inonotus dryadeus

Tårtickan visar sig först som en gulvit eller ljust gulbrun dyna med finluden yta. Den är vanligen konsolformad men kan någon gång ha en smalare, halsliknande bas. Svampen blir synnerligen kraftig och kan mäta 30–40 cm i bredd och 10–15 cm i tjocklek vid basen.

Fruktkroppens översida är "tårstänkt" av en konjaksfärgad vätska, vilken avsöndras av svampen. Vätskan, som får sin färg av tickans bruna kött, ger med tiden översidan en brun ton. Porlagret är först blekvitt men blir rödbrunt. Rören blir ca 2 cm långa, har fina mynningar, och hela porlagret kan få silverskimmer. Köttet har fast och seg konsistens. Svampen saknar matvärde.

Tårtickan växer vid foten av gamla ekar eller på deras kraftiga rötter och har praktiskt taget alltid talrika grässtrån och örter invuxna i fruktkroppen. Svampen är ganska ovanlig men kan där den förekommer återkomma år från år under augusti–oktober. En solbelyst tårticka med gnistrande vätskedroppar är både vacker och märklig, varför arten bör få växa fredad i parker och lövskogar.

Fjällticka (*)

Polyporus squamosus

Denna praktfulla art väcker alltid betydande uppmärksamhet och intresse när den påträffas. Hatten kan bli över en halv meter bred men är vanligen något mindre. Den blir 2–5 cm tjock och tunnar ut mot kanten. Grundfärgen är vitgul till orangegul, och hatten bekäds av stora, breda mörkare fjäll. Formen är njurlik eller mussellik och, sedd framifrån, nästan sadellik. Kanten blir oftast något nedåtböjd. Undersidans porlager är blekvitt till ljusgult och nedlöpande. Rören blir 1–2 cm långa och har ovanligt stora och kantiga mynningar. Foten är kort och kraftig, vit överst och svartbrun eller svart vid basen. Den växer sidställt och blir vanligen något krökt.

Svampen har ett segt, vitt kött, som luktar mjöl. Den mycket unga tickan är ätlig men bör först kokas av.

Fjälltickan är vissa år en vanlig svamp. Den växer parasitiskt på friska stubbar och levande stammar av olika lövträd, t ex alm, ask, lönn och äppelträd, där den orsakar vitröta. Ofta växer flera svampar tillsammans men den förekommer även ensam. Arten är ettårig, och redan i slutet av maj kan man se de första tickorna i Syd- och Mellansverige.

Sommarticka °

Polyporus ciliatus

Hatten får brunsvart eller gråbrun färg med gul ton. Den är som ung välvd, planar ut och får till sist något nedtryckt mitt. Kanten kan vara småfjällig eller hårig och ibland helt glatt. Hattbredden blir 3–7 cm, tjockleken bara en knapp centimeter. Porlagret är vitaktigt och har små rörmynningar.

Foten blir 3–5 cm hög och är smal. Den har hattens färg och kan vara småfjällig eller hårig. Det tunna köttet är vitt och segt. Sommartickan växer allmänt på trädrötter och nedfallna grenar under vår och försommar. Oätlig.

Tratticka °

Polyporus melanopus

Denna eleganta art har en matt, brungrå till brungul hatt. Den blir 5–9 cm bred, tunn och mer eller mindre trattlik med buktad kant. Det nedlöpande, vita rörlagret har små, oregelbundet formade mynningar och kontrasterar vackert mot svampens övriga, mörka partier.

Foten är matt svartbrun, rätt smal och blir 3–5 cm hög. Den blir ibland sidställd men är vanligen mittställd. Det vita köttet är segt som läder. Trattickan förekommer mindre allmänt och växer på i marken dolda grenar eller rötter av lövträd, gärna ask, under juli–september.

Oxtungsvamp (*)

Fistulina hepatica

Namnet oxtungsvamp är ovanligt träffande. Svampen erinrar till såväl färg och form som konsistens om en oxtunga, men den kan även ha formen av en mussla eller en lever. Ovansidan är brunröd och slemmig i väta. Den känns knottrig av små gryn, som starkt påminner om tungpapiller. Undersidan har gulvit färg hos unga exemplar och blir mörkare rödbrun hos äldre. Bredden kan bli drygt halvmetern – vanligen dock mindre – och tjockleken är vid basen 5–10 cm. Riktigt stora exemplar kan väga närmare 10 kg. Rören växer hos oxtungsvampen fria från varandra och är alltså inte sammanvuxna som hos tickor och soppar. De blir centimeterlånga och har i början slutna mynningar.

Det röda köttet är segt och fibröst som muskelvävnad och avsöndrar rikligt en vinröd vätska. Smaken känns syrlig liksom lukten. Unga oxtungsvampar är ätliga. Eftersom svampen innehåller garvsyra, måste den urlakas i vatten eller mjölk ca ett dygn före tillredningen.

Arten förekommer mindre allmänt och växer på stammar, stubbar eller rötter av ek och bok under augusti–september.

Smörsopp ***

Suillus luteus

Smörsoppen, eller *smörsvampen* som den även kallas (jfr det tyska namnet *Butterpilz*), är i flera länder en välbekant och eftersökt matsvamp. Från ett kullrigt, knopplikt svampanlag växer den kastanje- till chokladbruna hatten ut till en bredd av 10 cm eller mer. I fuktig väderlek är hatthuden starkt klibbig, i torka vackert glänsande, särskilt vid direkt solbelysning, då den kan skimra i radiära strimmor. Hatthuden är seg och går lätt att dra av från kanten.

Foten är vitgul, 5–10 cm hög och överst finpunkterad i en mörkare färg. Ett i början vitt inre hylle fäster hos unga svampar vid hattkanten och innesluter rören fullständigt. Efter hand som svampen utvecklas, brister hyllet och kvarstår på foten som en tunn ring, som gradvis mörkfärgas av nedfallande sporer.

Köttet är vitgult till smörgult och får i hatten en mjuk, angenäm konsistens. De unga rören är mättat gula, täta och fästade vid foten. Äldre rör får en orent brungul färg.

Smörsoppen har behaglig doft och smaken är mild. Som ung är svampen särskilt läcker och kan avnjutas inte bara stekt utan även som råkost. Den påträffas allmänt i barrskog, särskilt i närheten av tall, under juli–september och växer gärna längs sandiga skogsstigar.

Grynsopp ***

Suillus granulatus

Grynsoppen är en dubbelgångare till smörsoppen men är mindre känd. Från smörsoppen avviker den främst genom att den saknar ring, varför den även kallas *ringlös smörsopp.* Hatten är hos grynsoppen i allmänhet något ljusare än hos smörsoppen, vanligen ljust brun till gulbrun. Den täcks av en klibbig, seg hinna som är lätt att flå av. I väta är hatthuden slemmig, i torka något glänsande. Den skiner dock inte lika iögonfallande som hos smörsoppen. Den ringlösa, vitgula, knappt decimeterhöga foten är överst grynig av en mörkare punktering.

I fuktig väderlek tränger mjölkvita eller gräddgula "tårar" fram genom det ljusgula, täta porlagret på hattens undersida. Emellanåt syns dessa droppar även på foten. Svampen har ett gulvitt, mjukt hattkött, medan foten är fastare. Lukten är mild liksom smaken.

Grynsoppen är en utmärkt matsvamp med samma kulinariska egenskaper som smörsoppen. Förekomsten är allmän, och grynsoppen trivs särskilt bra i gräsrik barrskog med starkt inslag av tall, där den kan uppträda i förvånansvärt stora grupper från början av juli till september.

Lärksopp **

Suillus grevillei

Hatten kan variera i bredd mellan 4 och 10 cm och får ofta en svag men tydlig puckel. Färgen är vackert guldgul eller rödgul. Hatthuden är i väta slemmig, i torka glänsande och kan endast med svårighet lossas från köttet. Rören är svavelgula men färgas brunaktiga vid tryck. De är vidfästade eller svagt nedlöpande och har större mynningar än rören hos t ex smörsopp.

Foten är 7–12 cm hög, ganska styv och vanligen mörkare än hatten. Den har en vit eller gul ring, som lätt försvinner. Köttet är ljusgult, får brun ton vid snitt och har mjuk konsistens. Svampen är med sin milda smak och lukt ätlig och god.

Lärksoppen är som namnet anger en trogen följeslagare till lärkträdet, med vilket den lever i nära symbios. Den återfinns knappast i någon annan miljö, och några enstaka lärkträd är fullt tillräckligt för att avsevärda mängder fruktkroppar skall kunna utvecklas. Växttiden är augusti–september.

Örsopp *

Suillus bovinus

Örsoppen kallas även *kosopp* eller *kosvamp*, eftersom den emellanåt betas av kreatur. Hatten är brungul till grågul med ibland rödaktig ton. Den blir 5–10 cm bred och får i väta slemmig hud. Genom svampens tuvade växtsätt har hatten begränsat utrymme och blir ofta tilltryckt från sidorna och får buktad kant. Rörlagret är gulbrunt eller olivgrått och löper ned på foten. Rören har kantiga och vida mynningar och är genom lägre sittande skiljeväggar ytterligare indelade i ett finare underliggande skikt.

Foten har hattens färg, blir 3–5 cm hög och vanligen krökt. Köttet har ljust gulröd färg och kan få en rödare ton omedelbart under hatthuden och vid fotbasen. Det blånar endast obetydligt. Smaken känns liksom lukten mild, och svampen hör till de ätliga.

Örsoppen är allmän och växer tätt gyttrad i sandig tallskog eller inbäddad i hällmarkernas renlavstäcke, där den ibland har sällskap av rosenröd slemskivling. Växttiden är augusti–oktober.

En snarlik, oätlig art under al kallas **alsopp** ° (*Gyrodon lividus*). Den skiljer sig från örsoppen genom att ha brun fotbas och gula rör, som blir blågröna vid tryck.

Sandsopp **

Suillus variegatus

Hatten är gulbrun till olivfärgad, först halvklotformig, sedan välvd och får en bredd av 5–15 cm. Den blir vanligen "fräknig" av mörkare noppor eller prickar, som dock försvinner med tiden.

Rörlagret har olivbrun eller mörkt grågul färg och blånar vid tryck. De fina mynningarna har rund form. Foten är gulbrun, slät och fast och blir ibland rödfläckig nedtill. Den blir 5–10 cm hög, 2–3 cm bred och jämntjock. Köttet är gult eller gulbrunt men blånar något vid snitt eller tryck. Svampen har en mild, syrlig smak och en något särpräglad doft.

Sandsoppen är en god och användbar matsvamp, som bäst kommer till sin rätt i blandning med andra, mera smakstarka arter. Den förekommer både allmänt och rikligt i våra barrskogar, där den trivs i sandig eller grusig förna likaväl som i renlavstäcket på hällmarker. Svampen visar sig redan i slutet av juli och växer in i oktober.

Sammetssopp **

Boletus subtomentosus (Xerocomus s.)

Hatten är hos denna art fint sammetsluden. Färgen kan variera från grågrönt, brungult till varmt chokladbrunt. Hattformen är först halvklotlik och blir sedan välvd. Rören får livligt gul färg, blir längre mot hattkanten, kortare mot foten och får vid tumning svagt blågröna fläckar.

Foten är förhållandevis smal, krökt och vanligen jämntjock. Den får gul till gulbrun, ibland rödbrun färg och är överst nätådrig eller längsribbad. Höjden blir 5–10 cm.

Köttet stöter i blekgult och blånar svagt vid brytning och tryck. Det har först ganska fast konsistens men blir snart mjukt och poröst. Lukten är liksom smaken mild, och sammetssoppen är en god matsvamp. Den påträffas allmänt i barr- och blandskog och i hagmark under augusti–september.

Sammetssoppen förekommer i ett antal olika former eller underarter, bl a beroende på växtmiljön. En vanlig lövskogsform har benägenhet att spricka upp rutlikt i hatthuden och förväxlas därför ofta med rutsoppen. Den senare får dock körsbärsröda sprickor medan sammetssoppen får blekgula.

Rutsopp *

Boletus chrysenteron (Xerocomus c.)

Rutsoppen har en finfiltad hatt, som stöter i olivbrunt eller grågrönt. Den blir 3–9 cm bred, välvd–utbredd och bekläds på undersidan av vida, olikstora, gulgröna porer, som blåfärgas vid tumning. Hattens kött är gulaktigt, men omedelbart under hatthuden är det vackert rött, något som skiljer rutsoppen från den annars snarlika sammetssoppen. Snart nog spricker huden upp i karakteristiska större eller mindre rutor, som lyser i den röda färgen.

Foten är fast, något böjd och blir 4–8 cm hög. Den är färgad i gult och körsbärsrött, och köttet i den ofta avsmalnande fotbasen har samma röda färg. Hela svampens kött blånar något vid tryck eller snitt.

Rutsoppen luktar och smakar milt och är ätlig. Den återfinns mindre allmänt i skogar och lundar gärna under bok och ek från juli till oktober.

Brunsopp **

Boletus badius (Xerocomus b.)

Brunsoppens hatt är först sammetsmatt, sedan glänsande mörkt kastanjebrun. Den är välvd till halvklotformad, i väta svagt klibbig och blir 6–13 cm bred. Rören är i början vitaktiga, blir senare gulgröna och är något urnupna mot foten. Vid tryck eller tumning får rören blågröna fläckar.

Foten är brun men ljusare tonad än hatten och lätt strimmig. Den är jämntjock, 8–12 cm hög och något böjd. Köttet är särskilt i foten anmärkningsvärt hårt och fast. Det har en vitaktig eller blekgul färg och blånar en smula vid snitt eller brytning.

Som matsvamp är brunsoppen utmärkt, även om den knappast tål en jämförelse med Karl-Johan. Den har dessutom den positiva egenskapen att sällan vara larvangripen. Svampen påträffas vanligen i barrskog invid tall – ibland gran – men förekommer även i södra Sveriges bokskogar. Den får betraktas som tämligen allmän under sin växtperiod i augusti–september.

Parasitsopp °

Boletus parasiticus

(Xerocomus p.)

Svampen växer endast som parasit på gul rottryffel. Hatten är först finfiltat gulbrun, senare glatt olivbrun. Den blir 2–5 cm bred, och är oregelbundet formad med inrullad kant. Porerna är gula och något nedlöpande på den böjda, gulbruna foten, som utgår – vanligen flera tillsammans – från rottryffelns basala del. Hela svampen blir 5–7 cm hög. Köttet är gult. Parasitsoppen är oätlig.

Svampen är sällsynt och återfinns nära björk och bok i södra Sverige till Stockholmstrakten under augusti–oktober.

Pepparsopp °

Chalciporus piperatus

Den 3–7 cm breda hatten är gulbrun till ljust brunröd och lätt klibbig i väta. Rören är rostgula eller brunröda och har relativt stora mynningar. Rörytan får vid tryck mörkare fläckar. Foten är smal, ofta böjd och blir sällan högre än 7 cm. Den har hattens färg med undantag för basen, som är lysande gul. Svampköttet är blekgult till brungult, i fotbasen citrongult.

Svampens ettrigt pepparstarka smak gör den oätlig, möjligen användbar som pepparkrydda. Pepparsoppen växer rätt allmänt i blandskog under juli–oktober.

Karljohanssvamp ***
stensopp

Boletus edulis

Den unga svampen har en kullrig, fast hatt med inböjd kant. Äldre exemplar får välvd, ibland nästan plan hatt med mjukt, poröst kött och en bredd av 10–25 cm. Hattens färg är brun i olika nyanser och varierar från ljust nötbrunt till kastanjebrunt eller svartbrunt. Ytan är glänsande i torka, medan väta gör den något klibbig.

Rören är först blekvita och fasta, blir efter hand gula och till sist gulgröna, varvid de får mjuk konsistens. De är fria från foten och ändrar inte färg vid tryck eller tumning.

Den unga foten är vanligen päronformad eller nästan rund. Som utvuxen kan den bli 10–15 cm hög och 3–6 cm tjock. Färgen är ljust brun eller vitgrå, och ett finmaskigt, vitt ådernät bekläder den övre, smalare delen.

Köttet är i hatt och fot oföränderligt vitt med undantag av skiktet omedelbart under hatthuden, som har rödbrun ton. Lukten är angenäm och svampen har en smak som påminner om hasselnötter. Karljohanssvampen är en läckerhet, stekt eller stuvad, såväl separat som blandad med andra arter.

Soppen, vilken har fått sitt namn efter Karl XIV Johan, som lät odla den, förekommer allmänt, vissa år rikligt, i barr- och blandskog under augusti–september.

Finluden stensopp, *** grågul stensopp

Boletus reticulatus
(B. aestivalis)

Hatten har karljohanssvampens form och dimensioner men är gråul till brungul och finluden. Den kan i torka spricka upp rutlikt, varvid hattköttet, som är vitt även närmast hatthuden, blir synligt. Rören är först vita, blir senare grågula och slutligen gulgröna.

Foten är grå eller blekbrun och har överst ett vitt ådernät. Den blir kraftig, och det vita, fasta köttet har mild doft och smak.

Finluden stensopp är en läcker matsvamp. Den växer tämligen allmänt i parker och lövskogar under juli–september.

Kopparröd stensopp, *** rödbrun stensopp

Boletus pinophilus
(B. pinicola)

Denna stensopp kallas ibland *tallskogskarljohan.* Till form och storlek överensstämmer den i stort sett med karljohanssvampen. Hatten är varmt rödbrun eller nästan kopparröd. Rören får en brun nyans. Foten har en något ljusare rödbrun ton med ett mörkt ådernät.

Svampens kött är vitt och fast med mild smak och lukt. Det blir dock rödbrunt omedelbart under hatthuden. Kopparröd stenstopp är en utsökt matsvamp. Den återfinns tämligen allmänt i barrskogar med tall under augusti–september.

Gallsopp °

Tylopilus felleus

Gallsoppen identifieras säkrast på smaken. Hatten är hos yngre exemplar välvd, har gulgrå färg och finluden yta. Fullt utvuxen planas hatten ut, antar en brungul färgton, får glattare hud och blir 8–12 cm bred. De först bleka rören växer fria från foten och blir hos äldre exemplar skära eller rosafärgade.

Foten kan nå en höjd av 10 cm, är tjockast vid basen och karakteriseras av ett upphöjt, mörkt ådernät på ljusbrun till olivbrun botten. Obs! Äldre karljohanssvampar får gulgröna rör och vitt ådernät på foten.

Smaken är hos gallsoppen starkt bitter i alla utvecklingsstadier, något som markant skiljer den från annars snarlika, unga exemplar av Karl-Johan. Det vita köttet i hatt och fot kan vid snitt eller brytning anta en rödaktig nyans.

Gallsoppen är definitivt oätlig. Den växer tämligen allmänt i barr- och blandskogar, där den ofta påträffas intill blottlagda rötter eller murkna stubbar av tall under augusti–september.

Blodsopp °

Boletus luridiformis (B. erythropus)

Blodsoppen har som ung en halvklotformig hatt. Den är vanligen mörkt sävbrun med fint sammetsfjunig eller småluden yta. Fullt utvecklade exemplar får en ljusare brun, välvd hatt, som kan bli 10–20 cm bred. Hatten förlorar dock med tiden sin sammetsyta och blir glatt.

Det unga porlagret är gulaktigt men får som äldre en blodröd eller roströd färg och blir slutligen brunaktigt. Rören stöter i gulgrönt och har fina mynningar. De blir kortare närmast foten och blånar snabbt vid tryck eller tumning.

Foten är kraftig, nedåt vidgad och blir 7–12 cm hög. Den är fint prickig eller filtad i en vackert karminröd färg. Det hårda, fasta köttet lyser gult men blånar vid tryck eller i snittytor.

Smaken är mild liksom lukten, och blodsoppen anses ätlig men rekommenderas inte som matsvamp p g a förväxlingsrisk med snarlika, giftiga sopparter. Den påträffas tämligen sparsamt i Syd- och Mellansverige, där den växer i magra, kalkfattiga parker, löv- och blandskogar under juli–september.

Eldsopp (†)

Boletus luridus

Eldsoppen är en av våra praktfullaste soppar. Hatten är mörkare eller ljusare sävbrun med inslag av oliv, grågult eller skiftande i rött. Hattformen är välvd och ytan i början fint sammetsluden. Bredden varierar mellan 10 och 15 cm hos utvecklade exemplar.

Rörmynningarna är i början gulaktiga men får snart en röd till rödbrun färg. Rören, som växer fritt från foten, är först gula men får efter hand en grågrön ton och blånar vid tumning och tryck. Den kraftiga foten blir 6–12 cm hög och nedåt vidgad. Den är rödbrun eller rödgul och beklädd med ett mörkrött till svartrött, upphöjt ådernät. Fotens färger är ibland mycket intensiva.

Köttet är gult med rödbrun ton i fotbasen. Det blånar vid snitt och får slutligen en orange färg. Smaken är liksom lukten mild eller svagt syrlig. Svampen är möjligen något giftig.

Eldsoppen är mindre allmän men kan på kalkgrund växa rikligt i lövskogar och parker under juli–september.

Varning för förväxling med den giftiga djävulssoppen † (*B. satanas).*

Djävulssopp †

Boletus satanas

Hatten är matt silvergrå eller gråblek med beige ton. Den har halvklotlik form och blir 10–40 cm bred med länge inrullad kant. Rörmynningarna är lysande karminröda, men kan få en rödbrun ton. Den 6–8 cm höga foten har gul grundfärg med en karminröd zon mot mitten, vilken mönstras av ett finmaskigt ådernät.

Köttet är gulvitt till blekvitt och blånar endast svagt vid beröring. Lukten är obehaglig men smaken mild. Djävulssoppen anses vara mycket giftig. Arten är hos oss funnen i kalkrik lövskog på Gotland, men är ytterligt sällsynt.

Sommarsopp **

Boletus fechtneri

Sommarsoppen eller *äggsoppen* har en blekt gulgrå till silvergrå hatt, som blir 8–15 cm bred. Rören är lysande guldgula och får vid tryck blågröna fläckar. Foten blir 6–8 cm hög, ungefär lika tjock samt bredast på mitten. Grundfärgen är guld- eller citrongul, överst med ett fint ådernät. Den nedre halvan får mer eller mindre vackert röd ton. Köttet är gult och blånar vid tumning. Lukten liksom smaken är mild. Svampen är ätlig och god. Sommarsoppen växer mindre allmänt på kalkmark nära ek under juli–augusti.

Strävsopp **

Leccinum scabrum

Strävsoppen, även kallad *björksopp*, är en av vårt lands vanligaste svamparter och eftersom den även är matnyttig, lönar det sig att känna till den. Hattens färg varierar avsevärt i ljusare eller mörkare bruna till brungrå toner. Den är välvd, har slät yta och blir 5–15 cm bred. Rören är i början vita till vitgrå men blir senare grå till brungrå och är kortare mot foten.

Foten blir 1–3 cm bred, 10–20 cm hög och något avsmalnande uppåt. Den har en vitgrå till grå grundfärg och pryds av små, sträva, mörkbruna eller svarta filt- (fjäll-)tofsar i hela sin längd.

Köttet är först fast, sedan löst och har mild smak och lukt. Det har vit färg men grånar svagt vid snitt. Strävsoppen är en god matsvamp, om den plockas som ung. Den bör dock rensas noggrant före tillagningen, eftersom den ofta – särskilt tidigt på säsongen – angrips av myggor och steklar.

Redan i skiftet juni–juli kommer de första strävsopparna, och friska exemplar kan plockas i hagar och blandskog långt in i oktober.

Tegelsopp, ** tegelröd björksopp

Leccinum versipelle

Tegelsoppen är en storvuxen och grant färgad art. Hatten är hos en del unga exemplar lysande rödbrun eller tegelröd medan den hos andra går mera i blekt gulrött eller gulbrunt. (Bilden visar unga, rödbruna exemplar.) Formen är först lik ett halvklot men blir efter hand välvd. Hattbredden är 10–30 cm, och de största hattarna får de blekaste färgerna.

Rörskiktet är först gråsvart men ljusnar under utvecklingen och blir vitgrått. Foten är ganska kraftig och blir 15–25 cm hög. Den har en lätt skrovlig yta och är beklädd med små sträva, svarta fjäll- eller filttofsar. Dessa sitter i början tätt men glesnar under svampens tillväxt och blottar efter hand fotens gråvita grundfärg.

Köttet är nästan vitt men blir vid snitt och brytning först vinrött, sedan grålila till mörkgrått. Det har en mild smak och doft, och tegelsoppen är en förträfflig matsvamp. Den kommer dock bäst till sin rätt i blandning med smakstarkare arter som kantarell, stolt fjällskivling m fl.

Tegelsoppen växer allmänt i blandskog med inslag av björk från juli till oktober över hela landet.

Aspsopp **

Leccinum aurantiacum

Aspsoppen kallas på grund av sin färg och form även *apelsinsopp*. Den unga hatten är halvklotformat "knopplik" och färgad i rödbrunt eller ljusare orange. Den utvecklade hatten är välvd, får något blekare färger och blir 10–20 cm bred. Hatthuden är något "för stor" och bildar en fri bård nedanför hattkanten. Porskiktet är nästan vitt.

Foten är 10–20 cm hög, 2–4 cm bred och tämligen jämntjock. Den är i början oftast rent vit men får efter hand röda till brunröda fjäll- eller filttofsar. (Märk: Tegelröda björksoppen har svarta filttofsar.)

Köttet är vitt och fast, rodnar vid snitt eller brytning och svartnar slutligen. Aspsoppen smakar och luktar milt och den är en utmärkt matsvamp. Den är dock liksom björksoppen ofta lokalt angripen av myggor och steklar, varför svampen noggrant bör skäras igenom före tillagningen. Saltad, urvattnad och kokad med ansjovisspad kan den även användas som tryffel.

Aspsoppen förekommer allmänt under asp i större delen av landet under juli–oktober.

Den närstående **eksoppen** ** (*L. quercinum*) som är intensivare rödbrun på hatt och filttofsar, växer under ek och bok. Ätlig och god som föregående.

Kärrsopp, * ljusgrön strävsopp

Leccinum niveum
(L. holopus)

Denna art har en nästan helt vit hatt som kan skifta i grönt och ljusgrått. Den blir sällan mer än 8 cm bred. Foten har hattens färger och blir 8–12 cm hög.

Köttet är vitt – blågrönt i fotbasen – och har mild lukt och smak; svampen är ätlig. Denna gracila strävsopp föredrar fuktig skogsmark och växer allmänt i kärrkanter bland björn- och vitmossor under augusti–september.

Lärkslemskivling °

Gomphidius maculatus

Hatten är blekbrun med något mörkare kant och blir 3–6 cm bred. Hatthuden är slemmig i väta men är inte avdragbar. Skivorna är gråvita, glesa och långt nedlöpande. Hela svampen får vid beröring rosa fläckar som blir rödgrå och slutligen brungrå.

Foten är 5–7 cm hög och avsmalnande nedåt. Den är beklädd med mörka filttofsar och har gul bas och avsöndrar – särskilt unga exemplar – vackert bärnstensfärgade droppar. Arten är oätlig. Den är sällsynt hos oss och växer under augusti–september invid lärk.

Citrongul slemskivling **

Gomphidius glutinosus

Arten känns lättast igen på sin slemmighet och sin gula fotbas. Hatten är ljusare grå eller mörkare blågrå och blir 5–10 cm bred. Den får med tiden mörka fläckar och svartnar till sist. Kanten är länge inrullad men viks slutligen ut, samtidigt som hatten får nedsänkt mitt. Hela hatten är täckt av en slemmig, seg, genomskinlig hinna, som hos unga exemplar förenar hatt och fot. Under svampens utveckling kvarstår en del av hinnan som en slemring på foten, som så småningom svartfärgas av nedfallande sporer.

Skivorna är glesa och grenade och långt nedlöpande på foten. De har vit till ljusgrå färg men blir slutligen svartfläckiga. Foten är slemmig, vit eller vitgrå med den för arten karakteristiska, citrongula basen.

Köttet är vitt med grå ton och likaledes citrongult nederst i foten. Svampen smakar och luktar milt. Den är en utmärkt matsvamp, som svartnar vid tillagningen. Ett omtyckt nöje för svampplockare är att med en kniv flå av den sega slemhinnan från kanten.

Citrongul slemskivling växer allmänt i hagar, barr- och blandskog under augusti–oktober.

Rosenröd slemskivling, * rosenslemskivling

Gomphidius roseus

Hatten är som namnet anger mer eller mindre rosenröd. Den blir 2–6 cm bred och får i väta slemmig yta. Formen är hos unga exemplar kullrig med inböjd kant men blir efter hand utbredd med nedtryckt mitt. Hattkanten är vanligen vackert buktad.

Skivorna, som löper långt ned på foten, är i början vita men grånar efter hand och blir slutligen svartaktiga av sporerna. De grenar sig något. Foten är vit, kort och tappformig. Den blir en smula snedvuxen och har antydan till ring.

Köttet är gråvitt och har mild lukt och smak. Svampen är ätlig men ganska ovanlig och förekommer i allmänhet insprängd i täta gyttringar av örsopp i hällmarksskogarnas renlavstäcke. Rosenröd slemskivling växer under september–oktober.

Rödgul slemskivling, ** rabarbersvamp

Chroogomphus rutilus

Det träffande namnet rabarbersvamp anspelar på artens i rött och gult ofta livligt skiftande färger. Hatten är rödbrun, rödgul eller vinröd, ibland med inslag av grått. Den är klibbig i väta – glänsande i torka – men saknar den citrongula artens avdragbara slemhölje. I stället förenas hatt och fot hos unga exemplar av ett fintrådigt, spindelvävslikt hylle.

Hatten är välvd eller klockformig, har ofta en liten spetsig puckel och blir 5–10 cm bred. Skivorna är glesa, grenade och långt nedlöpande på foten. De har ungefär samma färg som hatten. Foten är fast, ibland något klibbig och har liknande färg som hatten. Den kan ha antydan till fin ring, är nedåt avsmalnande och blir 5–10 cm hög.

Köttet är rödgult med en gulare nyans i fotbasen och blir vid tillagning rödviolett. Rödgul slemskivling är en användbar matsvamp med mild smak och lukt.

Den växer nästan alltid invid tall och är mycket allmän över stora delar av vårt land i skogar och hagmarker. Växttiden är augusti–oktober.

Pluggskivling †

Paxillus involutus

Pluggskivlingen är en av våra allmännaste storsvampar. Hatten är grågul, olivbrun till rostbrun. Den blir 10–15 cm bred och har länge inrullad, mjukt sammetsluden, fårad kant. Den unga hatten är något välvd eller utbredd, medan äldre exemplar blir närmast trattformiga.

Skivorna är först gulbruna men blir rostfärgade. De är täta, något förgrenade och löper långt ned på foten. Skivlagret kan lätt lossas från hatten på samma sätt som rören avlägsnas från en sopp. Foten är centralställd och tapplik; den blir 4–8 cm hög. Unga exemplar av svampen kan erinra om en uppåt vidgad plugg.

Hela svampen får vid tryck och tumning mörkbruna fläckar. Köttet är rätt mjukt, gulbrunt och mörknar vid snitt. Det har mild, lätt syrlig smak och lukt, och svampen har länge ansetts vara ätlig. Senare rön har dock visat att den är giftig, och allvarliga förgiftningsfall har konstaterats.

Pluggskivlingen uppträder med olika former – även arter – under augusti–oktober mycket allmänt i praktiskt taget samtliga växtmiljöer från näringsfattigaste sandförna till näringsrikaste mulljord.

Sammetsfotad pluggskivling °

Tapinella atrotomentosa (Paxillus atrotomentosus)

Denna prydliga svamp kallas även *svartfotad pluggskivling* och är betydligt kraftigare än pluggskivlingen. Den sammetsfotade arten har en köttig, mörkbrun hatt, som är mer eller mindre välvd. Hatten har matt yta och länge inrullad kant; den blir 10–20 cm bred.

Skivorna är basalt något grenade och hos yngre exemplar ljust gräddfärgade. De kontrasterar då vackert mot den korta men kraftiga, svartbrunt sammetsfiltade foten, som normalt är sidställd (excentrisk) och ibland rotlikt förlängd.

Köttet är blekgult och i hatten nästan vitt. Det har föga framträdande lukt och smak, och svampen anses numera som oätlig. Den är dock användbar till färgning av ullgarn.

Sammetsfotad pluggskivling är tämligen allmän i stora delar av vårt land. Den växer på multnande stubbar, i synnerhet av tall, där flera hattar ofta utgår från samma fotbas. De första exemplaren dyker vanligen upp redan i juli, och så sent som i skiftet oktober–november kan man fortfarande hitta fräscha exemplar.

Stinkmussling °

Phyllotopsis nidulans

Svampens översida är tydligt ragghårig och färgad i guldgult eller orangegult. Äldre exemplar kan dock vara något urblekta. Formen är mussellik eller erinrar om en utspänd solfjäder. Bredden varierar mellan 4 och 10 cm, medan tjockleken vanligen är 1–1,5 cm.

Undersidans skivor är lysande guldgula eller brandgula, breda och tämligen glesa. Foten är dåligt utvecklad och saknas vanligen helt, varvid svampen fäster konsollikt på underlaget. Det sega köttet är mörkgult och har en stark, motbjudande lukt. Svampen är oätlig men synnerligen vacker.

Stinkmusslingen växer ofta flera tillsammans på barr- och lövträdsstubbar men även på väl genomfuktade vedklabbar. Den förekommer mindre allmänt hos oss och ovanligt sent på året – först i oktober–november kan man räkna med att stöta på denna prydliga art.

Ostronmussling **

Pleurotus ostreatus

Hattarna, som ofta växer taktegellagda ovanpå varandra, är köttigt mussellika och stora. Färgen är länge duvblå till gråblå med violett ton men går hos gamla exemplar mera i brunt. Hattytan är slät och i fuktig väderlek något klibbig. Kanten är vanligen inrullad och hatten blir 8–20 cm bred och ungefär lika lång. Skivorna är oliklånga, gråvita och löper långt ned på foten, där de förenas genom s k anastomoser (tvärförbindelser).

Foten är kort och kant- eller sidoställd. Den har samma färg som skivorna och är luden eller strävhårig vid basen. Det sega köttet är vitt och har mild smak och lukt.

Ostronmusslingen, som inte sällan odlas och saluförs, är ätlig och till och med ganska god, och då den är kraftig och växer rikligt, ger den plockaren god skörd. Den ratas dock av många p g a sin seghet.

Svampen växer tämligen allmänt under senhösten på stammar eller rötter av bl a björk, bok, poppel och sälg. Den lever parasitiskt och orsakar vitröta hos värdträdet.

Blek ostronmussling *

Pleurotus pulmonarius

Hatten är tung- eller mussellik och 5–15 cm bred. Den är vit till gulvit eller grågul, kal och i väta något klibbig. Skivorna är vita till gräddvita och nedlöpande. Foten är 1–2 cm lång och lika tjock samt sidställd. Köttet är vitt och elastiskt. Det har mild lukt och smak. Svampen är ätlig. Blek ostronmussling växer i såväl glesa som täta, taktegellagda grupper på levande eller döda stammar av lövträd, gärna björk och asp. Arten ger vitröta och påträffas under sommar och höst tämligen allmänt i hela landet.

Skiftmusslingen (*Lentinus conchatus, Panus c.*) är mindre, köttröd till brunviolett och broskartat seg.

Grönmussling °

Panellus serotinus

Den unga hatten är olivgrön eller olivgul och fint sammetsfiltad. Äldre hattar kan ha inslag av brunt och får glatt yta, som blir klibbig i väta. Formen är mussellik med inrullad kant, och svampen blir 3–8 cm bred. Skivorna är gula till gulröda, slutligen gulbruna, täta och smala.

Foten är kort, svagt tillplattad och olivbrunt småfjällig. Köttet är något slemmigt och segt och svampen är oätlig.

Grönmusslingen bekläder inte sällan stubbar och kullfallna stockar av lövträd under oktober–december.

Äggvaxskivling **

Hygrophorus karstenii

Äggvaxskivlingen erinrar om ängsvaxskivlingen men växer i helt annan miljö än denna. Hatten är gulvit eller ibland nästan vit och torr samt blir 4–7 cm bred. Den är välvd hos unga exemplar och blir sedan utbredd. Kanten är länge inrullad och vanligen något fårad eller rynkad. Skivorna är lysande ägg- eller orangegula. De är tjocka och glesa och löper långt ned på foten.

Foten har samma färg som hatten. Den är 7–10 cm hög och slank, något finluden samt avsmalnande mot basen. Det ljusgula köttet har en angenäm smak och lukt.

Äggvaxskivlingen är en god matsvamp, som förekommer tämligen sparsamt i vårt lands södra och mellersta delar, något allmännare norrut. Svampen står vanligen med foten djupt nedsänkt i det mjuka mosstäcket i gamla barrskogar, och under augusti–september kan man träffa på denna fina vaxskivling.

Besk vaxskivling (*)

Hygrophorus erubescens

De flockar av vackert skära svampar som vandraren ofta träffar på i dunkel granskog är med stor sannolikhet den beska vaxskivlingen. Hatten är skär i olika nyanser, ibland vitrosa med mörkare punkter, ibland gulrosa med rödvioletta streck eller punkter. Den har som ung kullig form men blir med tiden helt utbredd med en diameter av 6–12 cm. Hattytan är påfallande klibbig vid fuktig väderlek.

Skivorna är vita till vitgula, något nedlöpande på foten och kan hos äldre exemplar få röda fläckar. Foten är förhållandevis slank, skär till gulrosa och överst något rödpunkterad. Den smalnar av mot basen och blir 7–12 cm hög.

Det vita köttet gulnar något vid snitt. Lukten är svag men smaken är mer eller mindre besk. Vid avkokning mildras dock smaken, varför svampen får betraktas som ätlig.

Besk vaxskivling är en allmänt förekommande svamp i kalkrik barr- och blandskog under augusti–oktober.

Kremlevaxskivling * (*H. russula*) är en snarlik, kraftigare art med urnupna skivor och mild smak. Den växer sparsamt i lövskog och är ätlig.

Björkvaxskivling °

Hygrophorus hedrychii
(H. melizeus)

Hatten är vit med gul ton och erinrar i färgen om elfenben. Formen blir välvd till utbredd med mjukt vågig kant. Hattytan är i väta synnerligen slemmig. Skivorna är glesa, nedlöpande och gulvita med svagt rosa ton.

Foten har hattens färg och är överst finprickig. Den är lätt böjd och nedåt avsmalnande. Hela svampen kan få gulröda fläckar.

Arten har en stark, obehaglig lukt. Svampen, som är oätlig, påträffas flockvis invid björk tämligen allmänt i löv- och blandskog under september–oktober.

Olivvaxskivling *

Hygrophorus olivaceo-albus

Den 3–6 cm breda hatten har färger i olivbrunt eller olivgrått. Den är särskilt som ung klockformig med en markerad puckel. Kanten är inböjd, och hattytan är synnerligen slemmig i väta. Skivorna är vita och nedlöpande.

Foten är smal och 6–10 cm hög. Den är vattrad i olivbrunt med en skimrande vit "halskrage".

Olivvaxskivlingen har mild smak och lukt och är ätlig. Den växer allmänt i barrskogarnas mosstäcke under september–oktober.

Frostvaxskivling *

Hygrophorus hypothejus

Sent på året, när de första ordentliga frostnätterna kommit i skog och mark, visar sig frostvaxskivlingen. Hatten är olivbrun till olivgrön och får i fuktigt väder ett kraftigt slemlager. Formen är hos unga svampar något välvd med inrullad kant, medan äldre exemplar blir utbredda och får något nedsänkt mitt. Bredden varierar mellan 3 och 7 cm. Skivorna lyser i klargult eller orange, är glesa och nedlöpande på foten.

Foten är ljust gul med rödgul ton, slemmig, smal och blir 5–7 cm hög. Den är försedd med en ringlik förtjockning, vilken är resten av det slemhölje som i tidigt stadium förenade hatt och fot.

Köttet är gulaktigt och har mild smak och lukt. Frostvaxskivlingen är en utmärkt matsvamp, som tyvärr ofta förbises p g a sin "diskreta" hattfärg och sena förekomst. Den förekommer allmänt under oktober–december, och bör eftersökas i lavtäcket på barrskogarnas hällmarker.

Välluktande vaxskivling (*)

Hygrophorus agathosmus

Hatten är vanligen ljusgrå men kan ha en mörkare gråblå nyans. Den är klibbig till slemmig i väta och blir 4–7 cm bred. Formen är välvd med en svag, trubbig puckel. Skivorna är vita och nedlöpande. Foten är vit eller gråtonad och överst fint vitpunkterad. Den blir 7–9 cm hög.

Välluktande vaxskivling har en doft av såpa, bittermandel eller björnklister och bör inte blandas med andra arter. Den kan ätas efter avkokning och växer allmänt i våra barr- och blandskogar – rikligast i kalktrakter – under september–oktober.

Grynig vaxskivling *

Hygrophorus pustulatus

Grynig vaxskivling är en spenslig dubbelgångare till välluktande vaxskivling men är helt luktlös. Hatten är 3–5 cm bred, ljust grå med något mörkare, finkornig mitt. Den är välvd med svag puckel och har vita, nedlöpande skivor.

Foten har ljusgrå bottenfärg och är helt beströdd med mörkare grå, gryniga prickar. Den är smal, ganska bräcklig och blir 4–8 cm hög.

Smaken är mild, och grynig vaxskivling är en god matsvamp. Den växer rätt allmänt i granskog, ofta direkt på barrförnan från augusti till oktober.

Sotbrun vaxskivling ***

Hygrophorus camarophyllus

Denna art hör till de största av våra vaxskivlingar. Hatten är sotbrun till brunsvart med ofta svarta radiära strimmor. Den är torr och blir 8–12 cm bred. Hattformen är välvd med trubbig puckel, men äldre exemplar kan få något nedsänkt mitt. Hattkanten är vanligen inböjd. Skivorna är tjocka, glesa, bukiga och löper ned på foten. De är glänsande vitgrå med ibland blå ton och avtecknar sig synnerligen grant, när svampen betraktas från sidan.

Foten är något ljusare sotbrun än hatten och nästan vit närmast skivorna. Den är jämntjock och når en höjd av 8–12 cm. Det vita, bräckliga köttet har mild smak och en karakteristisk, honungsmättad krydd- eller blomdoft.

Sotbrun vaxskivling hör till våra läckraste matsvampar, och genom sin storlek och vissa år rikliga förekomst ger den fina skördar. Arten uppskattas dock även av insektslarver och sniglar, varför den bästa plockningstiden är något senare på hösten. Svampen är lika förträfflig i blandning med andra arter som tillredd för sig.

Från augusti till oktober påträffas den sotbruna vaxskivlingen i bergiga eller blockrika barrskogars mosstäcke.

Ängsvaxskivling ***

Hygrocybe pratensis

Denna art är ängarnas och hagarnas egen "kantarell". Hatten är gulröd till blekare lädergul; unga exemplar i väta får de varmaste färgerna. I början är hattformen klocklik med inböjd kant och trubbig puckel. Med tiden kan den utbredda hatten få nedsänkt mitt och kantarellikt, krusad kant. Den blir 4–8 cm bred.

Skivorna är ljusare än hatten, glesa och långt nedlöpande på foten. De är sinsemellan förbundna av låga tvärgående åsar, s k anastomoser. Foten har hattens färg, är nedåt något avsmalnande och blir 4–8 cm hög.

Köttet är vitgult och har angenäm konsistens. Det doftar milt och är mycket välsmakande. Ängsvaxskivlingen är en läcker matsvamp, som ibland kan förekomma i rikliga bestånd. Den är tämligen allmän på gräsbevuxna marker och här och där i lövskog. Den växer främst i de södra och mellersta delarna av vårt land under september–oktober.

En snarlik art, **lundvaxskivling** ** (*Hygrophorus nemoreus*), har en mera rödbrun hatt, som är försedd med mörkare prickar eller småfjäll mot mitten. Den växer hos oss vanligen i lövskogar och parker vid samma tid och är ätlig och god.

Guldbrämad vaxskivling, * gulprickig vaxskivling

Hygrophorus chrysodon

Hatten är i början rent vit men får senare en gul ton. Den är välvd och blir 3–7 cm bred. Skivorna är vitgula och nedlöpande. Hattkanten pryds av en tunn, guldgul bård, som utgör rester av ett hylle.

Även foten har ett grynigt eller vattrat mönster av gula hyllerester. Den blir 4–6 cm hög. Hela svampen kan med tiden få gula fläckar.

Guldbrämad vaxskivling har mild smak och en doft som erinrar om jordärtskocka. Svampen är ätlig och växer gruppvis mindre allmänt i parker på kalkrik jord och lövängar under augusti–september.

Gräddvaxskivling *

Hygrophorus penarius

Hatten är vit till gräddvit, torr och glanslös. Den blir 6–12 cm bred, i början välvd med bred puckel. Efter hand blir mitten något nedsänkt och kanten blir mjukt vågig. Skivorna är vita till gulvita, glesa och något nedlöpande.

Foten är hård och tappformig och blir 5–8 cm hög. Den är vit men kan ha gultonad bas. Det fasta, vita köttet har mild smak och lukt och svampen är ätlig.

Gräddvaxskivlingen är sällsynt och påträffas i lövängar och bokskog i södra delarna av vårt land under september–oktober.

Scharlakansröd vaxskivling***

Hygrocybe punicea

Hatten är blodröd till scharlakansröd men ofta urblekt i rödgula till nästan gula toner. Unga exemplar har klocklik hattform, medan formen hos äldre är välvd med trubbig puckel. Gamla exemplar kan få nedsänkt hattmitt och uppvikt, oregelbundet buktad kant. Bredden varierar avsevärt, och små exemplar på 2–3 cm liksom "jättar" på 15 cm är ingen ovanlighet.

Skivorna är gulröda, glesa och bukiga. De är vidvuxna och löper alltså inte ned på foten. Foten är guldröd med ljusare, lätt strimmig bas. Den blir 3–10 cm hög.

Det gulaktiga köttet har inslag av rosa och blir hos stora exemplar ganska fast. Lukten är obetydlig och smaken angenäm.

Scharlakansröd vaxskivling är en förträfflig matsvamp, som färgar svampstuvningen skär. Den granna arten föredrar södra och mellersta Sveriges gräsbackar, hagmarker och blandskogar, där den påträffas mindre allmänt under september–oktober.

Blodvaxskivling °

Hygrocybe coccinea

Denna lilla färggranna vaxskivling har en intensivt körsbärsröd till mönjeröd hatt. Den är 2–4 cm bred och vanligen något välvd. Skivorna är rödgula med gul egg och vidfästade. Foten har samma klara färg som hatten men gul bas. Den är smal och blir 3–6 cm hög.

Blodvaxskivlingen har mild smak och lukt, men är mera vacker än ätlig. Den växer mindre allmänt i gräsmarker och lövskogar med fuktig, mossrik förna under september–oktober.

Den närstående **mönjevaxskivlingen** ° (*H. miniata*) har samma färg och storlek men har finfjällig hatt och rödgula skivor med gul egg. Arten kan påträffas bland gräs och mossa i betesmarker och skogsbryn. Den växer under augusti–september, men är inte allmän. Matvärde som föregående art.

Toppvaxskivling °
Hygrocybe conica

Hatten är vanligen rödgul men variationsbredden uppvisar såväl svartröda som nästan gula exemplar. Den blir 4–5 cm bred och lika hög. Hattformen är utpräglat klocklik med för vaxskivlingar ovanligt spetstoppig puckel. Skivorna är gulgröna och får efter hand grå ton.

Foten är gul till gulgrön och blir 5–8 cm hög. Den är ofta trådigt skruvvriden, smal och skör. Hela svampen svartnar vid beröring liksom med åldern. Toppvaxskivlingen som numera får betraktas som oätlig, växer allmänt och rikligt i gräsmark under augusti–oktober.

Papegojvaxskivling °
Hygrocybe psittacina

Hatten är gul, gulgrön till undulatgrön och mycket slemmig i väta. Den är i början toppigt klockformad men blir utbredd med tydlig puckel. Den blir 2–5 cm bred. Skivorna är gulgröna och vidvuxna.

Foten är gul till gulgrön med en nästan alltid grön zon närmast hatten. Den är smal och bräcklig och blir 4–6 cm hög.

Papegojvaxskivlingen saknar matvärde och förekommer tämligen allmänt under augusti–oktober i gräsmarker där dess säregna färgsättning kan beundras.

Vit tuvskivling (*)

Lyophyllum connatum

Hatten är kritvit till svagt gråvit och blir 4–8 cm bred. Den är välvd med nedböjd kant, som är oregelbundet buktad. Skivorna är vita till vitgrå, täta och vidfästade eller något nedlöpande.

Foten är vit, praktiskt taget jämntjock och böjd på ett eller flera ställen. Den blir 5–9 cm hög. Det vita köttet är segt och får en något lutartad lukt. Svampen är ätlig efter avkokning.

Vit tuvskivling växer tämligen allmänt i täta tuvor vid vägkanter och på feta gräsmarker under oktober–november.

Mörk tuvskivling *

Lyophyllum decastes

Namnet mörk tuvskivling avser en art- eller formgrupp.

Hatten är gulbrun, gråbrun till brunsvart och blir 6–12 cm bred. Den är välvd med svag puckel och har lätt buktad kant. Skivorna är vita till gråaktiga, vidfästade eller svagt nedlöpande.

Den 7–12 cm höga foten är vit till gråvit, böjd och jämntjock. Köttet är segt, men smak och lukt är milda, och svampen är ätlig. Den är mindre allmän och växer i täta grupper på näringsrika marker under oktober–november.

Vårmusseron ***

Calocybe gambosa

Denna berömda vårprimör visar sig hos oss vanligen i maj efter värme och ljumma regn. Hatten är vit med skär anstrykning, särskilt hos unga exemplar. Den är först kullrig och sedan välvd med länge inrullad, mjukt vågig kant. Den blir 5–12 cm bred. Genom sitt hopträngda växtsätt utvecklas hatten ojämnt och får ofta formen av en hästhov, något som gett arten namnet *hovsvamp*. Skivorna är synnerligen täta, tunna och urnupna.

Foten är kort, endast 3–5 cm, vit och kraftig. Det vita, fasta köttet har en härlig arom av nymalet mjöl. Den kryddstarka svampen är en stor läckerhet och eftersökt i hela Europa.

Dold bland gräs och örter växer vårmusseronen i vackra älvringar på näringsrik mark. Den avslöjar sig genom att gräset är mörkare grönt och saftigt just där svamparna skjuter upp. Undantagsvis kan arten även förekomma i ren barrförna. Vårmusseronen trivs i kalkrika trakter och är tämligen allmän på Öland och Gotland. På fastlandet förekommer den betydligt sparsammare. Den växer under maj och juni men kan någon enstaka gång påträffas under hösten.

Sommarmusseron °

Melanoleuca strictipes

Arten kan växa vid samma tid som vårmusseronen och förväxlas ofta med denna. Hatten är silkesvit, tunn och tidigt utbredd med antydan till puckel. Bredden är 6–12 cm. De vita skivorna är täta, svagt nedlöpande och under lupp fint fjuniga.

Foten är vit, rak och slank och blir 8–12 cm hög. Svampen har en unken doft och först mild, sedan obehaglig smak. Den saknar matvärde. Sommarmusseronen växer mindre allmänt i ängs- och hagmark under maj–september.

Luktmusseron °

Tricholoma inamoenum

Denna art påminner något om en spenslig rättikmusseron. Hatten har gulvit till sämskfärgad yta, blir ganska tunnköttig och 4–7 cm bred. Skivorna är vitgula, något glesa och urnupna. Den vita till vitgula, smala foten kan bli 6–10 cm hög. Den blir ofta något krökt, luddhårig vid basen och något rotlikt förlängd.

Svampen har en frän, gasartad lukt, men smaken känns nästan mild. Arten är oätlig. Luktmusseronen förekommer mindre allmänt och påträffas i barr- och blandskog under augusti–september.

Rättikmusseron (†)

Tricholoma album

Hela svampen är från början helt vit och liknar genom sin storlek på avstånd en snöbollschampinjon. Hatten, som ger ett torrt och matt intryck, får med tiden och vid beröring gulbruna fläckar. Den är först kullig till välvd och blir slutligen utbredd med en diameter av 7–12 cm. De urnupna skivorna växer ganska tätt.

Foten är tät och kraftig, blir 7–10 cm hög och något basalt vidgad. Det vita och fasta köttet har brännande skarp smak. Lukten känns fränt rättikartad eller erinrar något om kokta rödbetor.

Rättikmusseronen är oätlig och möjligen svagt giftig. Den förekommer allmänt och växer i långa kroklinjer eller vida häxringar i löv- och blandskog, gärna under björk. Arten är spridd över hela landet och påträffas från augusti till långt in i oktober.

Silkesmusseron **

Tricholoma columbetta

Svampen är helt och hållet snövit. Hatten blir i torka sidenglänsande finstrimmig och får i fuktigt väder klibbig yta. Den mäter 6–12 cm i bredd och är till en början klocklikt välvd. Den breder snart ut sig, varvid hattkanten får en vacker, mjuk buktning. Skivorna är tunna, höga och urnupna och försedda med fintandad egg.

Foten är kraftig, jämntjock och blir 6–10 cm hög. Den blir i allmänhet något krökt vid basen. Det vita köttet har mild och fin smak och doftar svagt av mjöl. Vid upprepad tumning av skivorna framträder mjöllukten starkare. Silkesmusseronen är en god matsvamp, helst blandad med andra arter.

Varning! Under torrperioder kan silkesmusseronen få crèmefärgade skivor och gulgrå hatt. Arten liknar då den giftiga bolmörtsskivlingen (*Entoloma lividum*), som också har urnupna skivor och mjöllukt.

Silkesmusseronen är inte ovanlig i våra löv- och blandskogar. Den växer oftast flera tillsammans nära ek och björk under september–oktober.

Lakritsmusseron °

Tricholoma apium

Hatten är först matt vit, får med tiden en grå ton och vid tumning bruna eller grå fläckar. Den är kraftig och blir 6–12 cm bred. I torka kan hatthuden bli rutlikt uppsprucken. Skivorna är vita till vitgula, djupt urnupna och tämligen glesa. Långa och korta skivor avlöser varandra. Den vita foten blir så småningom brungul och smalnar ibland av mot basen. Den blir 6–8 cm hög och har fast segt kött.

Lakritsmusseronen har en stark lukt av selleri eller curry. Den sällsynta arten är oätlig och växer i äldre mossrik barrskog.

Gallmusseron (†)

Tricholoma virgatum

Hatten är silvergrå till ljust askgrå och radiärt mörkstrimmig. Ett eller annat streck ser ut att vara draget med en kraftig blyertspenna. Hatten har en i alla stadier spetsig puckel och blir 5–9 cm bred. De rätt glesa skivorna är ljust grå och kan ha mörkare egg. Foten blir 8–10 cm hög, vitgrå, smal och något krökt. Köttet är vitgrått och har en svag, unken lukt, smaken är bitter som galla.

Gallmusseronen anses vara svagt giftig. Den växer tämligen allmänt såväl i mossig barrskog som i bokskog under augusti–september.

Riddarmusseron ***(†)

Tricholoma flavovirens

Riddarmusseronens hatt har en gul till gulgrön mer eller mindre glänsande grundfärg. Den är klibbig i väta och kan få mörka, radiära strimmor eller bruna småfjäll. Fjällen är vanligen koncentrerade mot mitten men kan ofta nog täcka hela hatten, som då får en brun ton. Den har först välvd form men blir sedan utbredd med uppvikt, vackert buktad kant och 6–12 cm bred. Skivorna är lysande svavelgula, smala, ganska täta och urnupna.

Foten stöter i blekgult till ljust svavelgult och blir 4–8 cm hög och 2–3 cm tjock. Den kan i utpräglat sandig miljö få en rotlik, kraftigt förtjockad basaldel. Köttet är nästan helt vitt och har en tydlig doft och smak av nymalet mjöl.

Riddarmusseronen är av hävd en eftertraktad matsvamp. Tyvärr har allvarliga förgiftningsfall av svampen nyligen rapporterats från Frankrike, varför det finns skäl att avråda från mera betydande konsumtion av arten. Den hör senhösten till och kan plockas från september till långt in i november. Arten är tämligen allmän och växer såväl invid asp som på sandiga tallmoar, där den kan förekomma i individrika sällskap, ofta tillsammans med den välsmakande streckmusseronen.

Förväxlingssvampar: svavelmusseron och bitter riddarmusseron.

Svavelmusseron (†)

Tricholoma sulphureum

Arten skiljs bäst från riddarmusseronen på lukten. Hatten är vanligen helt svavelgul men kan som äldre få något gulbrun mitt. Den är torr och matt och blir 3–7 cm bred. Skivorna är svavelgula, urnupna och mycket glesa. Den smala foten blir 5–8 cm hög, svavelgul och ofta något böjd. Köttet har samma färg som svampen i övrigt och har skarp smak.

Arten har en motbjudande, gasartad lukt och anses vara svagt giftig. Den växer i löv- och blandskog under augusti–oktober och är tämligen allmän.

Bitter riddarmusseron °

Tricholoma aestuans

Den bittra riddarmusseronen är ofta förvillande lik riddarmusseronen men blir vanligen mindre än denna. Hatten är gul och kan få skiftning i olivbrunt. Den är vanligen något konisk och blir 4–6 cm bred. De breda skivorna är gula, men kan med tiden få brunaktig ton. Foten är ljust gul och blir 6–10 cm hög. Det vitaktiga köttet har obetydlig lukt, men smakar bittert. Svampen är oätlig. Bitter riddarmusseron växer i äldre, gärna fuktig, mossrik barrskog under augusti–september, men är inte allmän.

Strecknagelskivling °

Megacollybia platyphylla

Denna stora nagelskivling anses numera stå prickmusseronerna nära. Hatten är ljust grå till brungrå med mörkare, radiära streck. Den blir 8–12 cm bred. Formen är till en början välvd men blir med tiden utbredd med ofta uppvikt, sprucken kant. De synnerligen glesa skivorna som då blir synliga, är vita, höga, urnupna och grovt, ojämnt sågtandade.

Det vita köttet blottas genom kantsprickorna i hatten. Foten, som är seg och trådig, är vanligen fylld men kan hos äldre exemplar vara ihålig. Den är vit och blir 8–15 cm hög. Svampen har obetydlig lukt och mild smak.

Strecknagelskivlingen saknar egentligt matvärde, även om den tidigare ansetts ätlig. Den visar sig ofta tidigt på säsongen – i mitten av juli – och nya hattar skjuter upp ännu i slutet av september. Arten är tämligen allmän och växer på eller invid gamla stubbar, företrädesvis av lövträd, i stora delar av vårt land.

Prickmusseron °

Tricholomopsis rutilans

Prickmusseronen är en storvuxen och dekorativ art. Hatten har gul grundfärg men är vackert beströdd med vinröda till rödvioletta prickar eller småfjäll, som utgör resten av ett tillbakabildat yttre hylle. Hos en del exemplar, vanligen unga, dominerar det rödvioletta inslaget, medan hatten hos andra kan vara nästan gul med rödviolett mitt. Storleken varierar mellan 10 och 15 cm, men exemplar med en hattbredd på 20 cm är inte sällsynta. Skivorna har alltid mättat gul färg.

Foten blir kraftig, ofta något böjd och 8–10 cm hög. Den är liksom hatten mer eller mindre beströdd med rödvioletta prickar. Det gula köttet har en något unken lukt och en jordartad, kärv smak. Svampen lär kunna ätas efter avkokning, något som dock knappast rekommenderas.

Prickmusseronen är en allmän art, som de flesta skogsvandrare förr eller senare träffar på. Den växer i smärre grupper vid stubbar och rötter av barrträd – i synnerhet tall – och visar sig från slutet av juli till långt in i oktober.

Stubbmusseron °

Tricholomopsis decora

Arten liknar något vanlig prickmusseron. Hatten har gul grundfärg och är klädd med små, spetsiga, svartaktiga fjäll eller gryn. Den blir 5–10 cm bred och kan vara något snedvuxen. Skivorna är svavelgula och urnupna.

Foten är 6–10 cm hög, gul, tämligen smal och något böjd. Den är liksom svampen i övrigt ganska seg. Stubbmusseronen eller svartfjälliga prickmusseronen saknar matvärde.

Svampen växer gruppvis på gamla tallstubbar och är inte ovanlig norrut i vårt land. Den påträffas under augusti–september.

Kantmusseron °

Tricholoma sejunctum

Hatten har gul grundfärg med diffusa, bruna till gråbruna strimmor. Dessa når dock inte fram till hattkanten, vilken "lyser" gul. Hattens form är först klocklik och sedan välvd med trubbig puckel och svagt buktad kant. Den blir vanligen 6–10 cm bred. Skivorna är vita med ibland gul egg, breda och urnupna. Den vita och fasta foten blir 7–10 cm hög och 2–3 cm tjock.

Köttet är vitt, har mild smak och mjöllik lukt. Arten, som numera anses oätlig, växer mindre allmänt i sandig barr- och blandskog under augusti–september.

Såpmusseron °

Tricholoma saponaceum

Arten är en av våra vanligaste musseroner. Hatten är till en början klocklikt formad med länge inböjd kant. Den blir med tiden utbredd och får en trubbig puckel. Färgen varierar i grågrönt och gråbrunt med mörkare eller ljusare toner. Den något skevt buktade hatten blir 5–12 cm bred. Ytan kan vara uppsprucken eller småfjällig men är vanligen helt slät. Skivorna är vita till vitgula och kan få grönt skimmer.

Foten blir vitaktig till ljust grågrön, 6–10 cm hög och är ofta försedd med en avsmalnande, rotlik förlängning. En form, var. *ardosiacum*, har mörkfjällig fot. Köttet är vitgult till gröngult och kan lokalt stöta i rosa. Svampen kan få röda fläckar eller större delen av hatt och fot rödfärgade, särskilt efter några frostnätter. Den har i moget stadium en föga tilltalande lukt av "sur disktrasa" eller transpiration; i bästa fall blir lukten något såpartad. Smaken har en svagt mjöllik brytning.

Såpmusseronen är oätlig. Den växer allmänt och rikligt i mossig barr- och blandskog – ibland även i lövskog – under augusti–oktober.

Den närstående och snarlika **torrmusseronen** ° (*T. sudum*) har kött med mjöllukt.

Streckmusseron ***

Tricholoma portentosum

Streckmusseronens hatt har ljust grå grundfärg med mörkare mitt. Unga exemplar kan ha nästan gråsvart ton. Hattytan är försedd med radiära, svarta strimmor eller streck, varav några är så kraftiga att de ser ut att vara ritade med blyertspenna. I början har hatten klocklik form med inböjd kant. I utvecklat stadium blir den välvd med puckel och 8–12 cm bred. Den är klibbig i väta och något glänsande i torka.

Skivorna är vitgula till ljusgula och tämligen glesa och breda. Foten kan vara vit eller ljusgul och blir 8–12 cm hög. Det vita köttet doftar och smakar som nymalet mjöl.

Streckmusseronen är en utmärkt matsvamp. Den förekommer vid samma tid och på samma marker som riddarmusseronen, och arterna kan ofta växa tillsammans.

Under september–oktober kan streckmusseronen plockas på sandiga tallmoar, i blandskog och även i bokskog. Den förväxlas ibland med såpmusseronen och gallmusseronen, men den förra är ostreckad och den senare smakar bittert.

Gråmusseron **

Tricholoma terreum

Arten har en matt grå, trådigt finfjällig hatt, som blir 4–8 cm bred. Kanten är finluden med ibland tunna rester av ett spindelvävsliknande hylle, som hos unga exemplar förenar hatt och fot.

Skivorna är vitaktiga till ljust grå. Foten är vit eller gråtonad, något böjd och blir 5–8 cm hög. Svampen har ett gråvitt, poröst kött, som smakar mjöl och har svag doft.

Gråmusseronen är ätlig och god och är en förbisedd och underskattad matsvamp. Den växer allmänt på kalkrik mark längs vägkanter och i sandig blandskog under augusti–september.

Ringmusseron °

Tricholoma cingulatum

Hatten är 3–7 cm bred, först välvd, sedan utbredd och har antydan till puckel. Den har mattgrå färg och finfjällig yta. De vita skivorna är tämligen glesa. Foten är vit och smal och blir 4–7 cm hög. Den är något ihålig och försedd med en tydlig, mjuk, tilltryckt ring. Under ringen är fotens yta lätt trådig.

Det vitgrå köttet saknar utpräglad lukt och smak, och ringmusseronen får anses ha föga matvärde. Svampen är rätt ovanlig men kan lokalt uppträda i stora sällskap. Den växer i blandskog under september–oktober.

Skäggmusseron (*)

Tricholoma vaccinum

Hatten är torr, brunröd och tämligen grovfjällig. Den får som ung nästan klocklik form, blir sedan välvd med låg puckel och 5–10 cm bred. Kanten är länge inrullad och raggludet skäggig, på samma sätt som hos skäggriskan. Skivorna är urnupna, först bleka, sedan smutsröda med bruna fläckar. De rodnar något vid tumning.

Foten har till största delen brunröd färg men blir närmast hatten nästan vit. Den är trådig eller småfjällig och ihålig, blir 8–10 cm hög och 1–1,5 cm tjock.

Köttet har en blekvit färg och rodnar något vid brytning eller snitt. Det har en svag, jordartad lukt och smakar något beskt. Svampen kan möjligen ätas efter avkokning men lämpar sig bättre för insaltning.

Skäggmusseronen är allmän, i synnerhet på kalkrik mark. Den föredrar barrskog men påträffas även i blandskog och kan växa i talrika, täta bestånd under september–november. Svampen kan möjligen förväxlas med den närstående fjällmusseronen.

Fjällmusseron *

Tricholoma imbricatum

Arten liknar skäggmusseronen men blir något större och kraftigare. Fjällmusseronens hatt är mörkt brun till brunröd. Den har en torr, matt yta, som är beströdd med mycket små, mörka fjäll. Kanten är länge inrullad, något ljusare till färgen och mjukt finluden. Hatten får en bredd av 7–12 cm, är länge klocklik men blir till sist utbredd med låg, slät puckel. De urnupna skivorna är först vita men blir med tiden brunaktiga och får närmast eggen mörkare bruna fläckar.

Foten blir 8–12 hög. Närmast hatten är den ljus eller fint vitpudrad, medan större delen är mer eller mindre brun till brunröd. Det vita, fasta köttet har mild smak och en svag doft av mjöl.

Fjällmusseronen är ätlig men anses bäst lämpad för insaltning. Arten är en tämligen allmän senhöstsvamp, som tycks vara gynnad av närheten till tall. Den växer i större delen av vårt land under september–november.

Brandmusseron °

Tricholoma aurantium

Brandmusseronens hatt är färgad i rödgult eller klart orange med något mörkare mitt. Den känns klibbig i väta och kan vara rödbrunt kornig eller småfjällig. Formen är välvd och bredden varierar mellan 7 och 12 cm. De urnupna skivorna är först vita och blir sedan ljust rödbruna.

Foten blir ungefär decimeterhög. Den har en vit zon närmast hatten men är för övrigt vackert, kornigt vattrad i rödgult eller orange. Vattringen härrör från en tätare filtskorpa, som hos outvecklade exemplar bekläder foten upp till hattkanten. Vid fotens längdtillväxt spricker sedan filtskorpan upp i de kransställda skalen. Det vitaktiga köttet har en lukt som erinrar om gurka. Smaken är bitter och brandmusseronen är oätlig.

Denna sällsynta art gynnas definitivt av kalk och har sina starkaste fästen på Öland och Gotland. Den kan förekomma i stora bestånd på lämplig förna och pryder både barr- och blandskog under augusti–oktober.

Kastanjemusseron †

Tricholoma albobrunneum

Hatten har i torka glänsande kastanjebrun mitt, varifrån mörkare strimmor strålar ut mot den ljusare bruna kanten. Hattytan är i fuktigt väder klibbig. Den unga hatten är kullig och blir så småningom utbredd men har länge inrullad kant. Bredden blir knappa decimetern. De täta skivorna är vita men blir brunaktiga.

Foten är kraftig och blir sällan mer än 6 cm hög. Den lyser vit närmast skivorna men blir gradvis brunare mot basen och har ibland en antydan till vattring. Det fasta köttet har vit färg och en tydlig lukt och smak av mjöl. Arten är giftig och har en starkt laxerande effekt.

Kastanjemusseronen förekommer mindre allmänt i barr- och blandskog och påträffas här och var på sandig mark nära tall. Den är spridd över hela landet och växer från september till november.

En närbesläktad art, **bokmusseron** eller **luktlös kastanjemusseron** (†) (*T. ustale*) saknar framträdande lukt och får som äldre svartnande hatt. Den växer i våra bokskogar och är oätlig eller möjligen något giftig.

Droppfläckig kastanjemusseron †

Tricholoma pessundatum

Arten är något större och allmännare än kastanjemusseronen. Hatten är ostreckat kastanjebrun, klibbig i väta, något glänsande i torka. Den får som äldre runda droppfläckar. Unga hattar har välvd form med inrullad kant, medan äldre blir utbredda med fårad kant.

Skivorna är vita men kan få rödaktig ton och ljusbruna fläckar. Foten är vitaktig och kraftig. Det vita köttet luktar och smakar mjöl.

Droppfläckig kastanjemusseron är giftig. Den växer i barrskog eller blandskog i september–november.

Rökmusseron °

Tricholoma fucatum

Rökmusseronens hatt har gul till gulgrå grundfärg. Från den mörka hattmitten utgår sotfärgade strimmor, vilket ger svampen ett nedrökt eller tigrerat utseende. I väta är hatten klibbig. Den blir 5–8 cm bred och välvd. Skivorna är vitaktiga, urnupna och ganska täta.

Foten är 5–8 cm hög, blekt grågul, trådig eller småfjällig och delvis svartnande. Det ljusa köttet har otydlig lukt och mild smak.

Arten saknar matvärde. Den är rätt ovanlig i sandig, mossig barrskog under augusti–september.

Fläckmusseron *

Tricholoma fulvum

Hattytan har hos fläckmusseronen brun till rödbrun färg, är klibbig i väta och något glänsande i torrt väder. Mitten är mörkare tonad och överhuden kan vara svagt radiärt fibrig. Den unga svampen har klockformig hatt, som sedan breder ut sig till en diameter av 6–10 cm och blir välvd med låg puckel. Den kan få något fårad kant. Skivorna blir först blekgula, sedan orent gulbruna med talrika bruna småfläckar. De är urnupna och kan i senare stadium få helt brun egg.

Den så småningom ihåliga foten är brun och trådig samt avsmalnande mot basen. Höjden blir 6–10 cm och formen vanligen lätt böjd.

Köttet har i hatten gulvit färg men blir i foten svavelgult. Lukten är mild och mjöllik. Smaken är likaledes mjölartad med en besk brytning.

Fläckmusseronen betraktas som ätlig men får inte förväxlas med den giftiga kastanjemusseronen.

Arten är allmän och växer liksom många andra bruna musseroner ofta sällskapligt. Den visar sig i fuktig löv- och blandskog, särskilt invid björk, från augusti till oktober.

Bittermusseron (†)

Leucopaxillus gentianeus (L. amarus)

Hatten är torr och sammetsmatt, till färgen chokladbrun med ibland brunröd ton. Den har välvd form med inböjd kant, blir kraftigt byggd och 6–10 cm bred. De kritvita skivorna är påfallande täta, vidvuxna eller svagt nedlöpande. I sent stadium kan de få en gulvit ton.

Foten blir 5–7 cm hög och något seg. Köttet är i hela svampen vitt och fast, luktar mjöl men har stark, bitter smak.

Bittermusseronen är möjligen giftig och växer mindre allmänt i barrmattan under gamla granar från augusti till november.

Kråsmusseron, (*) halskråsskivling

Tricholoma focale

Hatten är kastanjebrun med ljusare rödbruna till rödgula toner. Den blir radiärt trådstrimmig och 7–12 cm bred med länge inrullad kant. Skivorna är vitgula och urnupna.

Unga exemplar har ett hylle vilket med tiden avsätts som en rödbrun ring på foten.

Den har ovanför ringen en vit "halskrage" men är nedanför rödbrunt trådig. Foten blir 5–9 cm hög. Lukt och smak är mjöllika, och svampen är ätlig efter avkokning. Kråsmusseronen växer mindre allmänt i september–oktober på sandig mark under tall.

Blåmusseron **

Lepista nuda

Blåmusseronen är en grann svamp, som väcker uppskattning både genom sin färg och sin smaklighet. Hatten blir oftast blå till blåviolett och glatt, med varierande inslag av bruna färgtoner. Den unga hatten är kullig med inrullad kant, medan utvecklade hattar är välvda med nedböjd kant. Bredden uppgår till dryga decimetern. Skivorna har länge blåviolett färg, som övergår i ett brunaktigt slutstadium. De är avrundade mot foten och avsöndrar, i motsats till de vanligen vitsporiga musseronerna, ljust skära sporer.

Foten är 6–10 cm hög, har hattens färg men kan vara nästan vit närmast skivorna. Den har något vidgad bas, som drar med sig en "krans" av förna då den plockas. Det blågrå köttet har en behaglig, aromatisk doft. Smaken är mild.

Blåmusseronen är en utmärkt och populär matsvamp, särskilt stekt för sig. Den kan eftersökas i såväl barr- som lövskog – gärna kalkhaltig – liksom bland lövkompost och multnande ris. Från mitten av september till november växer den rätt allmänt i större eller mindre sällskap.

Förväxlingsarter: Bockspindelskivling och kamferspindelskivling.

Höstmusseron **

Lepista personata

Denna art erinrar om en blåmusseron med urblekt hatt. Höstmusseronen har en glatt, gulgrå till orent crèmefärgad hatt, som blir 6–12 cm bred. Den är som ung kullig med inrullad kant och blir med tiden välvd med nedböjd kant. Skivorna är ljusgrå, täta och avrundade mot foten. De avsöndrar liksom blåmusseronen ljust skära sporer.

Foten blir 4–6 cm hög och rätt kraftig. Den har en intensivt gredelin färg, som starkt kontrasterar mot den bleka hatten. Färgen kan dock mista en del av sin lyster hos vissa, särskilt äldre, exemplar. Det blekt gråblå köttet luktar mjöl och smakar milt.

Höstmusseronen är en utmärkt matsvamp men har ofta en så stark arom att den bör mildras genom avkokning. Den blir då särskilt delikat till såser och gratinerade smörgåsar. Svampen växer mycket sällskapligt i gräsmarker, beteshagar och lövängar och är rätt allmän i syd- och mellansvenska kalkmarker – sällsyntare annorstädes – under september–november.

En närstående helt grågul art kallas **irismusseron** * (*L. irina*). Den växer vid samma tid och i liknande miljö men har en starkt sötaktig doft, erinrande om irisliljans (*Iris florentina*) eller såpnejlikans (*Saponaria*). Ätlig.

Violmusseron *

Lepista sordida

Hatten är glatt och i väta vackert blåviolett. Vid torka blir den urblekt i ljust violett eller gråblått. Den har först kullig till välvd form med inrullad kant men blir i sent stadium närmast trattformig med vågig kant. Hattbredden blir 4–6 cm. Skivorna är avrundade mot foten men kan ge ett nedlöpande intryck. Foten är blåviolett och 3–6 cm hög.

Svampen har ljusblått kött med mindre angenäm lukt och smak. Violmusseronen är ändå ätlig. Den är mindre allmän och växer tuvad på näringsrik mark, t ex komposthögar eller i betesmarker under juli–oktober.

Pluggmusseron *

Rhodocybe truncata

Hatten är skär till köttfärgad men kan även ha gula toner. Den är först ojämnt välvd och sedan utbredd med nedsänkt mitt och får oregelbundet buktad kant. Bredden är 6–10 cm. Skivorna är rätt täta, blekgrå, bukiga och avrundade.

Den korta, tappformade foten har hattens färg och blir 4–6 cm hög. Hela svampen kan liknas vid en kraftig, uppåt starkt vidgad plugg. Köttet är vitt och fast, med mild smak och lukt. Pluggmusseronen är ätlig. Den är sällsynt och växer i barr- och lövskog på kalkrik mark under september–oktober.

Honungsskivling (*)

Armillaria mellea

Arten är en av våra allmännaste och mest kända "stubbsvampar" med tuvat växtsätt. Den enskilda hatten är blekbrun till honungsgul och har mörkare mitt. Äldre exemplar blir mörkare bruna. Hatten är beströdd med talrika, mörka små fjäll, tätast mot mitten. Den kan bli 5–20 cm bred. Formen är först knopplikt halvklotformad men blir efter hand utbredd med låg, trubbig puckel. De nedlöpande skivorna får först ljusgul ton men blir gulbrunt fläckiga och producerar rikligt med vita sporer.

Den böjda, smala foten har hattens färg och är försedd med en kraglik, ljus ring, som i knoppstadiet förenat hatt och fot. Köttet är ljusgult men får brun ton och luktar milt. Smaken är först mild men blir sedan kärvt, syrligt sammandragande. Unga svamphattar kan med fördel stekas. Arten kan dock hos vissa personer framkalla lindriga förgiftningssymtom.

Honungsskivlingen växer rikligt i stora tuvor på stubbar, rötter och stammar, i synnerhet av gran men även andra träd. Svampens mörka, platta mycelsträngar angriper både multnande och levande träd, vars rötved kan lysa fosforaktigt i mörker. Växttiden är juli–oktober. Honungsskivlingen är numera uppdelad i fem, inbördes sterila arter.

Laxskivling *

Laccaria laccata

Laxskivlingen hör till våra vanligaste svamparter. Hatten är torr, rödbrun till köttröd, ibland med svagt grå anstrykning. Den blir urblekt i torka, emellanåt småfjällig och får vågig eller rynkad kant. Bredden är 2–6 cm, formen först halvklotlik, sedan välvd till utbredd.

Svampen har fått sitt namn p g a sina ljust laxröda kivor. Dessa är mycket glesa och tjocka som hos en vaxskivling. De är vidfästade och kan som äldre få en pudrad yta av de vita sporerna. Svampen har en smal, böjd fot med broskartad konsistens. Den får hattens färg och blir 6–12 cm hög med något längsfibrig yta. Det tunna köttet är ljust rött och har mild lukt och smak. Svampen är ätlig men är ingen läckerhet.

Laxskivlingen förekommer allmänt och rikligt i de flesta av våra naturtyper från den kargaste hällmark till den mullrikaste lövskog. Växttiden är juli–november.

Laxskivlingen uppträder i flera olika arter eller former, varav en högvuxen, fuktälskande, ätlig art kallas **stor laxskivling** * (*L. proxima*), medan en blott centimeterhög art kallas **dvärglaxskivling** ° (*L. tortilis*). Den senare saknar matvärde, främst på grund av sin ringa storlek.

Ametistskivling *

Laccaria amethystina

Ametistskivlingen liknar till form och storlek laxskivlingen och har länge ansetts som en färgvarietet till denna. Hatten är 2–6 cm bred och matt violett i mörkare eller blekare toner. Formen blir först halvklotlik, sedan välvd eller utbredd med rynkad kant. Skivorna är vackert violetta och påfallande glesa.

Foten har hattens färg och blir 6–9 cm hög. Den är trådigt broskartad, smal och vanligen något böjd. Det tunna köttet, som skiftar i ljusviolett, har mild smak och lukt.

Ametistskivlingen är ätlig men är liksom laxskivlingen användbar endast som blandsvamp. Arten förekommer tämligen allmänt i löv- och blandskog och kan särskilt under bok och hassel växa i stora bestånd. Denna prydliga skivling påträffas i Syd- och Mellansverige under augusti–oktober.

Trattnavling *

Pseudoclitocybe cyathiformis

Hatten har i fuktigt väder en mörkt brun färg, som vid torrare väderlek får en ljusare, gråaktig nyans. Formen är djupt trattformig eller trumpetlik med länge inrullad kant. Bredden varierar mellan 4 och 10 cm. Skivorna är något ljusare än hatten och långt nedlöpande. Den smala foten har hattens färg, blir 5–10 cm hög och något finstrimmig. Köttet är tunt och har mild smak och lukt.

Trattnavlingen är en användbar blandsvamp. Den förekommer rätt allmänt bland gräs samt på högar med ris- och lövkompost under oktober–november.

Gullnavling °

Omphalina chrysophylla
(Gerronema chrysophyllum)

Gullnavlingen har en hatt vars färger går i gulgrått eller ljust olivbrunt. Hatten är navlad till trattformig och får krusig kant. Den blir 3–5 cm bred. Skivorna är lysande guld- till orangegula, rätt glesa och nedlöpande. Sporerna har gul färg. Foten är smal, har hattens färg och blir 3–5 cm hög.

Köttet har mild lukt och smak, och svampen är ätlig. Den är dock ganska sällsynt och bör snarast beundras, där den växer på stubbar och kullfallna stockar av barrträd under september–oktober.

Jättetrattskivling (*)

Leucopaxillus giganteus

Jättetrattskivlingen är den största arten inom släktet. Hela svampen är vit eller svagt sämskfärgad och slät. Hatten blir som ung kullig eller välvd med inrullad kant. Den planar ut och blir efter hand trattformig och 15–30 cm bred. Stora exemplar får utvikt, tunn hattkant, vilken ofta är strimmig och vågig. De täta skivorna är nedlöpande på foten och kan lätt lossas från hatten.

Foten är i förhållande till den stora hatten ganska kort, vanligen 5–8 cm, men blir som regel kraftig. Svampens vita kött har seg konsistens och kan rispas upp i långa tågor från fotbas till hatt. Det har en doft som påminner om mandelblommans. Smaken är stark och jättetrattskivlingen är särskilt som ung ätlig. Styrkan i aromen bör dock mildras med avkokning (förvällning).

Arten förekommer tämligen allmänt under augusti–september här och var i gräsrik mark, gärna i parker, trädgårdar eller vid vägkanter. Jättetrattskivlingen växer i imponerande s k häxringar, som i opåverkad miljö kan bli mycket gamla. Förf har på Djurgården i Stockholm sett en obruten ring med 25 m diameter. Sådana "naturminnen" med lång biologisk kontinuitet blir allt sällsyntare och är i högsta grad skyddsvärda.

Häggdoftande trattskivling (**)

Clitocybe geotropa

Svampen skiljer sig från jättetrattskivlingen genom sin höga fot och markerade puckel. Häggdoftande trattskivlingen är helt och hållet matt gräddvit till sämskfärgad. Den hos unga exemplar svagt utbildade hatten har en kraftig puckel. Äldre utvecklade svampar får en 10–18 cm bred, djupt trattformig hatt, i vars botten puckeln kvarstår som en väl avsatt papill.

De smala skivorna växer tätt och är långt nedlöpande. Foten är påfallande hög, 10–20 cm. Den vidgar sig mot basen och erinrar genom sin kompakta, sega konsistens om en gummibatong. Det vita, elastiska köttet har en karakteristisk aromatisk doft, som kan liknas vid doften av häggblommor. Smaken är god men stark och avkokning förordas.

Arten är en utmärkt matsvamp, som genom sin lokalt rikliga förekomst kan ge stora skördar. Häggdoftande trattskivling är kalkgynnad och växer i stora, väl synliga kroklinjer eller halvcirklar. Under augusti–oktober påträffas den mindre allmänt i lundar, lövängar och parker.

Pudrad trattskivling (**)

Clitocybe nebularis (Lepista n.)

Den pudrade trattskivlingens hatt är grå, mörkare hos unga exemplar, ljusare hos äldre. Hattformen är först rundkullig med inböjd kant, sedan välvd och slutligen utbredd med vågig kant. Diametern blir 10–16 cm. Hatthuden blir ofta vitpudrad av ett mycelludd, som följt med när svampen växt upp ur marken. Skivorna är nästan vita, får som äldre en gul ton och är alltid mer eller mindre nedlöpande på foten. Detta skiljer arten från den farliga bolmörtsskivlingen, vilken har urnupna, rödaktiga skivor.

Foten är något ljusare än hatten och blir 7–10 cm hög; den vidgar sig något mot basen. Det vita köttet har aromatisk smak och en krydd-, blom- eller honungslik doft, som blir nästan påfrestande intensiv vid tillagningen.

Pudrad trattskivlling är ätlig och god, men dess speciella, starka smak kommer bäst till sin rätt om den mildras genom avkokning. Hos vissa känsliga personer kan arten ha en laxerande effekt. Svampen är allmän och kan eftersökas under september–november i trädgårdarnas och parkernas ris- och lövbäddar, men ofta även i löv-, bland- eller barrskog, särskilt i kalkrika trakter.

Mörk trattskivling °

Clitocybe clavipes

Arten påminner om en liten, spenslig pudrad trattskivling men har mörkare färg och avvikande doft. Hatten är gråbrun till sotbrun, ofta med smal, ljus ytterkant. Den är svagt välvd och blir nästan helt plan samt 4–7 cm bred. De långt nedlöpande skivorna är glesa, vita till gulvita och mjukt kontrasterande mot den mörka hatten och foten.

Den mot basen starkt vidgade foten har hattens färg och blir 6–8 cm hög. Köttet är gråvitt, ofta något vattnigt och har en mild doft av mandelmassa. Smaken är angenäm men mörk trattskivling räknas numera inte till matsvamparna.

Svamparna hör till de vanligare barrskogsarterna och växer gruppvis på mossig mark, gärna bland blåbärs- eller lingonris. De första exemplaren visar sig i början av augusti, men långt in i november kan man hitta fräscha exemplar av denna härdiga art.

Sommartrattskivling (*)

Clitocybe gibba

Sommartrattskivlingen erinrar vid hastigt påseende om en blekt färgad kantarell. Hatten är i början välvd med liten men tydlig puckel. Den blir snart djupt trattformig, ibland med puckeln avsatt som en liten spetsvårta i trattens botten. Färgen är ljust gulbrun och blir något blekare mot kanten. Den tunnköttiga hatten är 5–10 cm bred och kan få vågig kant. De blekvita skivorna sitter medeltätt och är långt nedlöpande på foten.

Foten har en något ljusare färgton än hatten och blir 4–6 cm hög. Den är fylld, elastisk och ganska smal men vidgar sig något mot basen. Den tunna svampen har vitt, segt kött, som doftar behagligt och har mild smak.

Sommartrattskivlingen är ätlig och arten visar sig ofta tidigt på säsongen. Avkokning är dock en lämplig åtgärd liksom för flertalet ätliga trattskivlingar. Svampen är allmän i hagmark, löv- och blandskog över hela landet under juli–september och växer vanligen flera tillsammans.

Rödbrun trattskivling (*)

Lepista inversa

Hatten är vanligen starkt rödbrun men kan ibland få en gulbrun ton. Den är 6–10 cm bred, blir inte sällan snedvuxen samt är trattformig, med länge inböjd hattkant. De först ljusa, långt nedlöpande skivorna antar småningom hattens färg och kan bli en smula brunfläckiga. Foten är 4–6 cm hög och krökt. Vid basen omgärdas den av ett vitt mycelludd. Köttet har mild eller svagt besk smak. Svampen är ätlig efter avkokning.

Arten växer gruppvis på avfallsplatser, barr- eller lövkompost och är allmän under september–november.

Brandgul kantarell, ° narrkantarell

Hygrophoropsis aurantiaca

Arten kallas även *falsk kantarell*. Hatten är brandgul eller orangefärgad och blir 3–7 cm bred. I torka bleknar färgen. Formen är först utbredd med nedtryckt mitt och inrullad kant, senare mer trattlik. Ytan känns finluden. Skivorna är varmt brandgula eller orangeröda. De löper ned på foten och är något gaffelgrenade. Foten blir 3–6 cm hög och får hattens färg.

Det tunna köttet har obetydlig lukt och smak. Svampen saknar matvärde. Den växer allmänt i blandskog vid multnande stubbar och vedrester under augusti–oktober.

Grön trattskivling (*)

Clitocybe odora

Hatten är matt grågrön och blir 4–8 cm bred. Yngre exemplar har mer mättad färg, medan äldre blir blekare. Den är först något puckligt välvd med inrullad kant men breder ut sig och blir trattformig. Skivorna har hattens färg men i en ljusare nyans. De är tämligen glesa och nedlöpande på foten.

Foten har samma färg som skivorna och blir 4–7 cm hög. Den är seg och smal men vidgar sig något mot basen. Köttet är vitt med grön ton och smakar milt. Svampen har en stark doft av anis. Den gröna trattskivlingen är ätlig, men den genomträngande doften begränsar artens användbarhet som matsvamp.

Grön trattskivling växer i såväl löv- som barrskog under augusti–oktober. Den är tämligen allmän och förekommer vanligen i större eller mindre sällskap.

Vårtrattskivling *

Clitocybe pruinosa

Hatten är 2–4 cm bred, grå, gråbrun eller något grågul, ibland nästan skimrande. Den har vackert vågig kant och blir trattformig. Skivorna är nedlöpande, oliklånga och vita till gräddgula. Den ljusa foten blir 2–5 cm hög och är vanligen något krökt. Köttet är vitaktigt med mild smak och lukt.

Vårtrattskivlingen är ätlig men saknar matvärde. Den växer under våren, i april–maj, i barr- och blandskog, men är inte allmän och kan vara nog så svår att upptäcka bland kottar och fjolårslöv.

Rättikhätta °

Mycena pura

Rättikhättan har ofta en vackert lila till rödviolett hattfärg, men blekt skära exemplar är inte ovanliga. Hatten har en låg, otydlig puckel och blir för övrigt svagt välvd till utbredd. Den är 3–6 cm bred och får som regel strimmig kant. De glesa, urnupna skivorna har samma färg som hatten, ibland i en ljusare ton. Foten är ihålig med vitluddig bas, har hattens färg och blir 5–8 cm hög.

Det bleka köttet har en obehaglig smak och rättikartad lukt. Svampen är oätlig. Den växer allmänt i löv- och blandskog under augusti–november.

Flåhätta °

Mycena epipterygia

Denna lilla, allmänna hätta har vanligen gul men även gulgrön eller gulgrå hatt. Hatthuden är i väta slemmig och kan utan svårighet flås av. Kanten är lätt strimmig, och hattbredden blir 1–2 cm. De täta skivorna har blekgrå ton. Foten är 6–9 cm hög och mycket smal. Den har gul färg och är slemmig.

Smaken är oangenäm, och flåhättan saknar liksom alla hättor matvärde. Den växer rikligt i våra barrskogars mosstäcke och kan studeras från augusti till december.

Stor flåhätta °

Mycena viscosa

Arten skiljer sig från vanlig flåhätta i fråga om storlek och hattfärg. Den stora flåhättan har i väta slemmig hatt färgad i grått eller gråbrunt. Den blir 3–5 cm bred, klocklik och får strimmig kant. Skivorna är gråtonade. Den citrongula foten är slemmig, 8–12 cm hög och ibland kraftigt rotlikt förlängd. Hela svampen kan få rödbruna fläckar. Smak och lukt är föga angenäma. Oätlig.

Stor flåhätta är vissa år en tämligen allmän senhöstsvamp i barrskog. Den växer gärna i barrmattan eller invid tallstubbar under oktober–november.

Rynkhätta °

Mycena galericulata

Denna art hör till de största inom släktet. Hatten är 3–7 cm bred och färgad i ljust grått. Den är som ung klockformad, som äldre välvd med tydlig puckel. Hattytan blir radiärt rynkad, vilket syns tydligast mot kanten. De tunna skivorna får gråblek till ljust skär ton och förenas sinsemellan av låga tvärgående åsar. Foten är grå och smal, ofta försedd med en rotlik förlängning. Den har glatt yta.

Smak och lukt är milda, men rynkhättan saknar matvärde. Den växer vanligen tuvad på murkna stubbar under maj–november och är allmän.

Porslinsskivling, ° boknagelskivling

Oudemansiella mucida

Arten skiljer sig från andra nagelskivlingar genom att den har ring. Hatten är vit, glatt och halvgenomskinlig som alabaster. Den är klockformig eller välvd, radiärt strimmig och blir 4–10 cm bred. Hattytan blir i väta nästan gelatinöst slemmig. Skivorna är glesa och vaxartade. Foten är vit och smal och blir 4–10 cm hög. Den har tydlig ring, är ovanför ringen något strimmig, samt har vidgad, mörkare fotbas. Porslinsskivlingen är oätlig och växer tuvad på gamla bokar under augusti–december tämligen allmänt i Sydsverige.

Rotnagelskivling °

Xerula radicata (Oudemansiella r.)

Hatten blir hos rotnagelskivlingen, även kallad rynkade nagelskivlingen, 6–10 cm bred. Den har brungul till olivbrun färg och i väta slemmig yta. Formen blir något välvd till utbredd med svag puckel, och hatten är tydligt radiärt rynkad. Skivorna är glänsande vita, höga och glesa. Foten kan bli 20 cm hög och är ljusare än hatten, svagt längsstrimmig eller skruvvriden och har en rotlik bas. Det vitaktiga köttet har mild smak och lukt. Svampen är ätlig men saknar matvärde, bl a genom sin sega fot. Den är inte ovanlig vid stubbar och rötter av lövträd under augusti–oktober.

Luddnagelskivling °

Xerula pudens
(Oudemansiella longipes)

Luddnagelskivlingens hatt är mörkt brun till brungul och strävt sammetsluddig. Den planar ut, blir 4–8 cm bred och får som äldre mjukt buktad kant. Skivorna är snövita, höga och glesa. Den smala foten är strävt sammetsluddig, har hattens bruna färg och blir 8–15 cm hög. Köttet är särskilt i foten hårt och segt och svampen saknar matvärde. Den hör till svampvärldens förnämsta skönheter och bör få stå kvar på sin växtplats till allmän beundran. Arten är sällsynt och växer nära ek i parker och lövskogar under augusti–september.

Vinternagelskivling *
Flammulina velutipes

Arten kallas även *sammetsfotad nagelskivling*.

Hatten är gulbrun i ljusare eller mörkare nyanser och blir 2–5 cm bred. Ytan är glatt, i väta slemmig och kan vara nästan genomskinlig. Hattformen är först välvd, men blir efter hand utbredd. Skivorna har gulbrun färg och blir förhållandevis höga.

Utmärkande för arten är den mörkt bruna, sammetsludna foten, som har ett större eller mindre ljusgult parti närmast hatten. Foten är vidare smal och elastisk samt kraftigt böjd. Den blir vanligen 6–8 cm hög.

Vinternagelskivlingen tillhör den fåtaliga grupp ätliga svampar som trivs under den kallaste årstiden. Arten visar sig normalt i oktober–november, och fräscha exemplar går fortfarande att uppbringa i februari. Svampens tillväxt sker under en mildperiod men avstannar under någon påföljande köldknäpp, då svampen sitter helt infrusen. Vid nästa "töväder" tinar svampen upp och fortsätter att växa.

Vinternagelskivlingen har mild smak och lukt och är ätlig utan att vara någon läckerhet. Den är allmän och växer tuvad på stammar, stubbar eller rötter av olika lövträd.

Blek nagelskivling °

Collybia dryophila

Blek nagelskivling kommer tidigt på säsongen och är sannolikt den allmännaste inom släktet. Hatten är tunn, i början välvd men blir med tiden utbredd och ofta helt plan, ibland med uppåtvikt, vågig kant. Den har i väta vackert gulbrun färg, som även kan stöta något i rödbrunt. I torrt väder ändrar hatten färg till blekt gulbrunt eller vitgult. Bredden varierar mellan 3 och 7 cm. De bleka skivorna kan hos äldre exemplar bli mörkare fläckiga.

Foten är tågig och elastisk och har samma färg som hatten men ofta i något ljusare ton. Den blir smal och 4–6 cm hög. Det tunna, ljusa köttet har mild smak och lukt.

Den bleka nagelskivlingen är ätlig men saknar matvärde även om den växer vid en tidpunkt då många av de bästa matsvamparna ännu inte hunnit visa sig. Arten förekommer från juni till september i löv-, bland- och barrskog och kan på sina ställen vara mycket talrik.

Mörk nagelskivling °

Collybia butyracea

Hatten har ofta varma färger i mörkt brunt till rödbrunt. Den blir 4–8 cm bred, först klocklik, sedan utbredd med svag puckel. Hattkanten blir hos äldre exemplar kraftigt uppåtvikt. De vitaktiga och avrundade skivorna är fint sågtandade i eggen. Den mörk- till rödbruna foten blir 5–7 cm hög, trådigt seg och kan ha tydliga, längsgående fåror. Köttet är något bruntonat, har obetydlig lukt och mild eller något besk smak.

Arten saknar matvärde. Den växer i barr- och blandskog och är allmän i hela landet under september–november.

Horngrå nagelskivling °

Collybia asema

Horngrå nagelskivling har en 3–6 cm bred hatt. Den är först klocklik, blir sedan välvd med puckel och slutligen utbredd med uppåtvikt kant. Färgen är i fuktigt väder mörkt horngrå men bleknar i torka och får endast mörkare mitt och kant. Svampen har vitaktiga skivor. Foten är horngrå till gråbrun, något längsstrimmig och blir 4–6 cm hög. Det tunna köttet har gråvit färg och tämligen mild smak och lukt.

Arten är ätlig men saknar matvärde. Den växer allmänt i löv- och blandskog under september–november.

Fläcknagel-skivling °

Collybia maculata

Fläcknagelskivlingen har vit till vitgul hatt, som får rödbruna fläckar. Formen är klocklik med markerad puckel, och bredden uppgår till dryga decimetern. Skivorna växer synnerligen tätt och har tydligt sågtandad egg. De är vita men blir småningom rödbrunfläckiga.

Foten är vit till gulvit, längsstrimmig, seg och tågig. Den blir 7–10 cm hög och har en rotlik förlängning. Det vita köttet har mild lukt och mycket besk smak. Arten är oätlig. Den växer allmänt i bok- och barrskog under september–oktober, gärna nära gamla stubbar.

Brännagel-skivling °

Collybia peronata

Hatten är seg samt mycket tunn och blir 4–8 cm bred. Den blir blekbrun till sämskfärgad och får välvd till utbredd form med svag puckel. Hatten är vanligen radiärt rynkad eller fårad. Skivorna sitter glest, blir först blekgula, sedan brungula. Den sega, matta foten har hattens färg och blir 5–7 cm hög. Vid basen är den tätt borsthårig. Det tunna, ljusa köttet har seg konsistens och obetydlig lukt; smaken är däremot brännande skarp. Brännagelskivlingen är oätlig.

Arten förekommer allmänt i både barr- och lövskog under augusti–oktober.

Grankotteskivling *

Strobilurus esculentus

Grankotteskivlingen är en liten vårsvamp, som visar sig redan vid snösmältningen. Hatten har grå till gråbrun färg, blir någon gång nästan vit samt endast 1–3 cm bred. Den är knapplik med ibland tydlig puckel och kan i sent stadium få uppåtvikt, vågig kant. Skivorna är vita, täta och urnupna.

Den smala foten, som utmärks av broskartat seg konsistens, har gråbrun till grågul färg med en vit zon närmast hatten. Höjden är 2–4 cm. Den har en ca 10 cm lång, rotlik förlängning, som fäster i någon begravd, multnande grankotte. Svampen har ett fast, vitt kött som smakar och luktar milt.

Grankotteskivlingen är ätlig. Den förekommer på sina ställen synnerligen rikligt, varför det någon gång – trots dess litenhet – kan löna sig att plocka den. Svampen växer i barrskog från mars till juni, men även under mild senhöst och vinter.

Den närstående **tallkotteskivlingen** * (*S. stephanocystis*) är vanligen något mindre och har rödbrun hatt. Arten är ätlig och förekommer vid samma tid på begravda tallkottar.

Nejlikbroskskivling ***

Marasmius oreades

Denna förnämliga matsvamp känns lättast igen på sitt cirkelformade växtsätt. Hatten är i väta vackert gulbrun med ibland svagt rosa ton. I torka blir den blekare sämskfärgad. Formen är först klocklik, sedan välvd med tydlig puckel, i slutstadiet plan med uppåtvikt kant. Kanten blir vidare fint strimmig och ofta mjukt buktad. De bukiga skivorna har blekvit till ljust brungul ton och sitter mycket glest.

Den smala foten får hattens färg, blir 4–8 cm hög och mycket seg. Det bleka hattköttet är något segt, men har mild smak.

Svampen har en behaglig kryddlik doft och är läcker. Hattarna blir delikata brynta i olivolja eller smör samt som ingrediens i såser eller soppor. Dessutom lämpar de sig särskilt väl för torkning. Foten är dock alltför seg för att kunna användas.

Nejlikbroskskivlingen växer i vackra älvringar eller i sirliga kroklinjer på parkernas gräsmattor eller i hagar och betesmarker liksom på rena torrbackar. Svampmycelet göder gräset med kväve, varför det är grönare och högre just där svamparna står. Arten förekommer allmänt och rikligt från juni till september.

Lökbroskskivling *

Marasmius scorodonius

Hatten är mycket tunn, sämskfärgad till nästan vit och 1–3 cm bred. Ytan är torr och rynkad med vågig eller krusig kant. De vita skivorna förenas sinsemellan av låga, tvärgående åsar. Foten är smal, 4–6 cm hög och glänsande rödbrun. Svampen har en lukt och smak som påminner om lök eller gummiballonger. Lökbroskskivlingen är användbar som krydda. Den växer tämligen allmänt bland gräs och pinnar under juli–september.

Stor lökbroskskivling *

Marasmius alliaceus

Hatten är hos den mycket unga svampen brunsvart men ljusnar under svampens utveckling för att till sist bli nästan helt vit. Formen är länge klocklik men blir med tiden svagt välvd eller utbredd. De blekvita skivorna är vidvuxna och ganska glesa. Foten, som blir 10–15 cm hög och blott 2 mm tjock, är rotlikt förlängd samt styv. Den är fint och tätt sammetshårig och nästan helt svart, samt något ljusare närmast hatten. Smaken är mild och doften starkt vitlöksartad, varför svampen kan användas som krydda. Den eleganta arten är tämligen allmän i våra sydliga bokskogar.

Röd flugsvamp †

Amanita muscaria

Den röda flugsvampen är förmodligen vår mest avbildade och dekorativa svampart. Nyss framkommen ur markytan är den unga svampen i sitt vita, gryniga hylle närmast lik en röksvamp. Hatten blir snart kulligt välvd, sedan utbredd och kan fullt utvuxen nå en bredd av 25 cm. Den får en vanligtvis klarröd eller gulröd färg. Vita rester av den unga svampens yttre hylle bekläder den utvecklade hatten som snöflingor. Köttet är i hatten vitt. Omedelbart under den klibbiga, lätt avdragbara hatthuden får köttet dock en gul ton. Skivorna är höga, täta och oföränderligt vita.

Den vita foten blir 15–20 cm hög och är försedd med en vit ring som ofta har ett gult ytterbräm. En kraftig basalknöl prydd med kransar av det yttre hyllet avslutar foten. Det vita köttet har mild lukt och smak.

Röd flugsvamp är giftig. Den förekommer både allmänt och rikligt men bör få växa i fred och lysa upp våra blandskogar under augusti–oktober.

Brun flugsvamp †

Amanita regalis

Brun flugsvamp står mycket nära röd flugsvamp och är ytligt sett närmast att betrakta som en färgvariant av den röda, med vilken den väl överensstämmer till form och storlek. I hatten är brun i olika nyanser och beklädd med gula till gulgrå hyllerester. Den blir 8–10 cm bred och har vita skivor. Foten är vitaktig, 7–18 cm hög och omgärdad av en väl utvecklad ring. Kransar av det yttre hyllet bekläder den löklikt vidgade fotbasen. Smaken är mild liksom lukten. Bruna flugsvampen är giftig. Den förekommer tämligen allmänt i blandskog, där den kan växa i smärre sällskap under augusti–september.

Kejsarflugsvamp *** (*A. caesarea*) tillhör inte vår svampflora utan Mellaneuropas, men den förtjänar ändå att omnämnas som en berömd och eftersökt läckerhet. Till färgen och storleken påminner den om vår röda flugsvamp, men "Der Kaiserling" avviker från denna genom att ha kantstrimmig hatt utan hylleplättar samt gula skivor. Foten är gul liksom ringen, och en rymlig, vit, flikig slida omger fotbasen. Måhända kommer ett andra ögonkast på en "tveksam" röd flugsvamp att ge det första dokumenterade fyndet i vårt land av denna "ädling".

Rodnande flugsvamp *

Amanita rubescens

Denna art skiljer sig från de övriga flugsvamparna genom att köttet rodnar vid tryck och brytning och med svampens stigande ålder. Rodnande flugsvamp bär en kraftig, rödbrun till köttfärgad hatt, beklädd med vitgrå hyllerester. Hatten mäter 10–20 cm i bredd och är först halvklotlik, sedan välvd och slutligen utbredd. Den har i början vita, senare rödfläckiga skivor, som är höga och mjuka.

Den stabila foten är rödbrunt till rödgrått småfjällig och prydd med en vid, tydligt strimmig ring. Höjden når 10–15 cm, och den förtjockade fotbasen har fjällkransar. Lukten påminner om rå potatis eller om jord. Smaken är mild.

Rodnande flugsvamp är en användbar matsvamp. En varning dock för förväxling med bl a panterflugsvampen, vilken emellertid aldrig får rodnande kött. Den rodnande flugsvampen förekommer i en kraftig, färgstark parkform (bilden) och en blekare, mera köttröd barr- och blandskogsform. Svampen växer allmänt och rikligt under juli–oktober.

Panterflugsvamp †

Amanita pantherina

Hatten är grå, gråbrun till olivbrun och 6–12 cm bred. Den är i fuktigt väder klibbig och i torka tämligen glänsande mellan de små, vita hylleresterna, som är tätt strödda över hela hattytan likt pärlsocker. Vid häftigt regn kan dock hylleresterna spolas bort. Hattformen är välvd men kan bli utbredd. Hattens kant blir ofta lätt fårad. De höga, mjuka skivorna har oföränderligt vit färg.

Foten är vit, 8–12 cm hög och har vidgad bas, vilken bekläds med en markerad, avfasad hyllering, som har ovanför liggande smärre ringlika hyllerester. Den övre ringen är vit, ostrimmad, ojämnt utvecklad och ofta försvinnande. Köttet är i hela svampen vitt. Lukten erinrar om rå potatis och smaken är mild.

Panterflugsvampen är synnerligen giftig, och särskilt förrädisk genom sin likhet med såväl gråfotad flugsvamp som brun kamskivling. Den är tämligen allmän och förekommer i barr- och lövskog under augusti–september.

Gråfotad flugsvamp °

Amanita spissa

Gråfotad flugsvamp har grå till brungrå hatt, som är översållad med gråvita, svagt tillspetsade hyllerester. Hattbredden varierar mellan 8 och 14 cm och formen blir välvd till utbredd. Skivorna är tunna, höga och oföränderligt vita.

Den rätt kraftiga foten, som blir 10–15 cm hög, uppvisar flera markanta särdrag. Överst är den rent vit, och därunder tar den nedhängande, tydligt strimmiga ringen vid. Nedanför ringen är foten vattrad eller svagt fjällig i olika gråtoner och slutar nederst i en basalknöl med flera fjällkransar. Köttet är vitt i hatten liksom i foten.

Smaken är hos gråfotad flugsvamp mild och lukten påminner svagt om jord eller rå potatis. På grund av dess likhet med den verkligt giftiga panterflugsvampen måste man avråda från att plocka den gråfotade, även om den i sig själv anses ofarlig.

Den gråfotade flugsvampen uppträder vissa år rikligt men förekommer vanligen mindre allmänt i barr- och lövskog från juli till oktober.

Svartringad flugsvamp †

Amanita porphyria

Den svartringade flugsvampen har en grå till gråbrun hatt, som ibland kan få en violett skiftning. Den blir 5–8 cm bred och saknar vanligen hyllerester. Hattformen är först halvklotlik, sedan välvd och blir hos äldre exemplar utbredd med antydan till en puckel. De tunna skivorna är oföränderligt vita.

Den smala, vitaktiga foten når en höjd av 10–12 cm, har uppsvälld bas och omges av såväl ring som slida. Ringen är först ljust grå men svartnar sedan påtagligt samtidigt som den krymper. Slidan är tunn och lätt sönderfallande, särskilt vid ovarsam hantering. Köttet är vitt och bräckligt och har mild smak. Lukten av rå, nyskalad potatis framträder särskilt tydligt hos svartringad flugsvamp. Svampen är giftig.

Under augusti–september påträffas denna tämligen spensliga flugsvamp allmänt och rikligt i barrskog.

Vit flugsvamp ††

Amanita virosa

Hatten är 6–10 cm bred, svagt toppig och kan ge ett något skevt intryck. Hattfärgen är vit med hos äldre exemplar något gulaktig mitt. Ytan på hatten ändras från slemmig i väta till glänsande i torka. De smånaggade skivorna är oföränderligt vita, något som skiljer den vita flugsvampen från champinjonerna, som i regel har färgade skivor.

Foten är vit, 8–15 cm hög, ringförsedd och vanligen tydligt vattrad eller flockig. Rester av ringen kan då och då hänga som "trasor" från hattkanten. Basen av foten är insvept i en flikig slida, som kan sitta nedsänkt i marken och följaktligen vara svår att upptäcka.

Köttet i fot och hatt är vitt. Lukten är hos unga exemplar otydlig men kan hos äldre kännas tung eller svagt frän. Smaken är mild, en egenskap som är gemensam för alla farliga svamparter. Vit flugsvamp är dödligt giftig. Upplevelsen av lukt och smak får dock aldrig avgöra bestämningen av en misstänkt giftsvamp!

Hos oss växer vit flugsvamp i barrskog eller blandskog, gärna på fuktiga lokaler bland blåbärsris och mossa, dvs på växtplatser där champinjoner aldrig förekommer. Den visar sig under perioden augusti–oktober och är – med undantag för vissa år – mindre allmän.

Vitgul flugsvamp †

Amanita citrina (A. mappa)

Hattens bredd varierar mellan 6 och 10 cm. Den är klibbig i väta och har som namnet anger vitgul färg, stundom med ljust gulgrön ton. Formen på hatten är först avrundat välvd, sedan utbredd till nästan platt, och ytan är klädd med vitgula hyllerester, som dock kan spolas bort vid ett kraftigt regn. De tunna skivorna har oföränderligt vit färg.

Foten är vit, 7–12 cm hög och ringförsedd. Ringen är väl utvecklad men tunn, svagt strimmig och hängande som en slöja. Fotbasen består av en löklik uppdrivning omgiven av en tjock slida med bred, jämnt avfasad kant. Köttet är i hela svampen rent vitt. Smaken är mild, och lukten erinrar om rå, nyskalad potatis. Svampen är endast svagt giftig.

Vitgul flugsvamp förekommer i utpräglad barrskog, blandskog eller ren bokskog. Den växer allmänt och rikligt under augusti–oktober i landets södra och mellersta delar, där den ofta påträffas i smärre, dekorativa sällskap.

Lömsk flugsvamp ††

Amanita phalloides

Hatten är till färgen olivgrön, i fuktigt väder klibbig, i torka glänsande. Formen är först klocklikt välvd, sedan helt utbredd; hyllerester saknas vanligtvis helt på hatten. Den blir 5–12 cm bred och får en finstrimmig kant. Varning! Helt vita varianter av lömsk flugsvamp förekommer i sällsynta fall på champinjonmark. Kontrollera alltid skivornas färg! Hos flugsvampar är skivorna oföränderligt vita, hos champinjoner som regel vitgrå, grå, rödgrå eller brunsvarta.

Foten är vit, 10–15 cm hög, ihålig och tydligt vattrad. En synnerligen väl utvecklad, finstrimmig vit ring omger foten, och en lika välutvecklad, flikig slida omger den uppsvällda fotbasen.

Köttet i hatt och fot är vitt och smakar tämligen milt. Lukten är svag, sötaktig, hos äldre exemplar fränare. Lömsk flugsvamp har samma dödliga giftverkan som vit flugsvamp, varför dess karaktärer bör kännas av varje svensk svampplockare.

Under augusti–oktober kan man finna denna flugsvamp i lövskog och parker. Den är rätt sällsynt, och visar sig endast i södra och mellersta delarna av Sverige, enstaka eller i smärre bestånd.

Grå kamskivling, * grå kamflugsvamp

Amanita vaginata

Kamskivlingar eller kamflugsvampar är samlingsnamnet för en färg- och formrik flugsvampgrupp. Hos grå kamskivling blir hatten 6–12 cm bred. Den blir först äggformad, sedan klocklik och till sist utbredd. Färgen är blygrå till nästan silvergrå. Ytan är glatt och saknar vanligen hyllerester. Hattkanten blir alltid kamlikt strimmig eller fårad. Skivorna är vita. Den vita eller något vattrade foten är smal och blir 10–12 cm hög. Basen omges av en väl utvecklad vit slida, som innesluter ringanlaget.

Det bräckliga köttet har mild smak och lukt, och arten får betraktas som välsmakande. Plockaren varnas dock för risken att förväxla grå kamskivling med två andra, synnerligen giftiga arter, nämligen lömsk flugsvamp och panterflugsvamp.

Grå kamskivling förekommer allmänt i löv- och blandskog under juli–september.

Brun kamskivling, * brun kamflugsvamp

Amanita fulva

Hatten är brungul till brun och blir 5–10 cm bred. Den saknar vanligen hyllerester och har tydligt strimmig kant. Formen är mer eller mindre välvd men kan till sist bli helt utbredd. Skivorna är oföränderligt vita. Den smala foten blir 8–12 cm hög och är ihålig. Den omges nedtill av en vit, väl utvecklad slida, som även innesluter svampens ringanlag.

Det sköra, vita köttet har mild smak och lukt. Brun kamskivling är ätlig och god. Arten växer allmänt i fuktiga skogar, gärna i kärrkanter.

Saffransgul kamskivling, * gul kamflugsvamp

Amanita crocea

Denna art är ytterligare en representant för gruppen kamskivlingar. Hatten har gul färg med strimmig kant och blir ungefär decimeterbred. Den är i början tydligt klocklik men breder snart ut sig mera parasollformat. Skivorna är oföränderligt vita. Foten är ljust gul, smal och 10–15 cm hög. Den omges vid basen av en väl utvecklad, flikig slida. Ofta pryds foten av en ring, eller av flera mörkare gula, kransformiga rester av yttre hyllet (se bilden).

Saffransgul kamskivling är ätlig och god. Den växer under augusti–september i löv- och blandskog samt i hagmark.

Parkflugsvamp *

Amanita ceciliae (A. strangulata)

Denna storväxta art är nära besläktad med kamskivlingarna. Hatten är färgad i gråbrunt eller grågult och kan uppnå den ansenliga bredden av 15–20 cm. Den är som ung klockformig men blir efter hand välvd till helt utbredd. Hattkanten är tydligt radiärt strimmig, och kraftiga, vitgrå till gulgrå rester av det yttre hyllet bekläder en stor del av hattytan. Skivorna är tunna, höga och oföränderligt vita.

Den 20–25 cm höga, stamlika foten ger ett nästan ornamenterat intryck genom sin prydliga vattring i ljusgrått och mörkgrått. Fotbasen omges av en slida och av två eller tre ovanför sittande hylleringar. Det vita köttet har mild smak och lukt.

Parkflugsvampen är en utmärkt matsvamp. Arten kan dock i vissa lundar växa tillsammans med den dödligt giftiga lömska flugsvampen, varför stor försiktighet rekommenderas.

Under tiden juli–september kan vi beundra denna stolta uppenbarelse i parker och lövskog, där den förekommer mindre allmänt.

Droppklibbskivling °

Limacella guttata

Hatten är blekt sämskfärgad med skär ton och i väta slemmig. Den är först något äggformig men blir utbredd med svag puckel. Skivorna är vita, ibland med tårlika droppar. Foten är vit, småfjällig och försedd med en utstående, ibland uppåtriktad ring, vars undersida är mer eller mindre utpräglat droppfläckig. Köttet är vitt och smaken är liksom lukten mjöllik. Svampen är oätlig. Under augusti–september växer arten, som är tämligen sällsynt, i fuktig, kalkrik skog under al och gran.

Brun klibbskivling °

Limacella glioderma

Hatten har kastanjebrun till rödbrun färg och blir synnerligen slemmig i fuktigt väder. Den är 4–6 cm bred. Formen är halvklotlik till välvd med något inböjd kant. Skivorna är vita, tunna och täta. Foten får rödbrun ton av trådiga ringrester, men grundfärgen är vit. Den blir 5–7 cm hög. Svampen har en tydlig smak och lukt av mjöl. Den är oätlig.

Brun klibbskivling växer mindre allmänt i kalkrik barrskog under augusti–september.

Vit slidskivling °

Volvariella gloiocephala
(V. speciosa)

Vit slidskivling erinrar vid hastigt påseende om en champinjon men avviker främst genom sin slida vid fotbasen. Hatten är glatt, vit till gråvit och blir 8–14 cm bred. Den har länge klocklik form men blir slutligen utbredd med uppåtböjd kant. Hattytan blir i fuktig väderlek synnerligen klibbig. (Det stora exemplaret på bilden är något frostnupet.) Skivorna är i början vita men blir senare svagt rödtonade av sporerna.

Den vita foten är 10–15 cm hög, smal och något vidgad nedåt. Den bekläds vid basen av en smutsvit, flikig slida (volva), vilken utgör en del av det allmänna hylle som helt innesluter den mycket unga svampen. Slidskivlingen saknar ring.

Den tunnköttiga arten har obehaglig smak och en säregen, frän lukt. Svampen är oätlig. Vit slidskivling förekommer inte allmänt men är lätt att få syn på där den växer på multnande halmkompost, gammalt sågspån eller på välgödslad jord under augusti–september.

Sköldskivling °

Pluteus cervinus
(P. atricapillus)

Hatten är hjortbrun till gråbrun, klibbig i väta och inväxt radiärt fintrådig eller finfjällig. Den blir först klockformig, sedan utbredd till nästan plan. Bredden är 6–12 cm. Skivorna är täta och höga och växer fria från foten. De har i början vitgrå ton med ibland svart egg och blir efter hand köttröda av sporerna. Foten blir 10–12 cm hög, ljus, rätt smal samt vattrad av mörka trådar. Det mjuka, vitaktiga köttet har nästan mild smak. Lukten erinrar om rå potatis. Oätlig.

Arten är vanlig på murkna stubbar och rötter under juli–september.

Blågrå sköldskivling °

Pluteus salicinus

Hatten har grå grundfärg med ofta tydligt inslag av blått eller grönt. Den är välvd till formen, har en låg, mörkare tonad puckel och blir 3–6 cm bred. Hattytan är matt, och blir i synnerhet mot mitten fint luden eller fjällig.

Skivorna är först vita men får efter hand en röd ton av sporerna. Foten är vanligen vit, men kan bli något blågrönt längsstrimmig mot basen. Den är smal och tämligen skör samt blir 5–7 cm hög. Blågrå sköldskivling är oätlig. Den växer mindre allmänt på lövträdsstubbar, bl a al och sälg under augusti–september.

Stolt fjällskivling ***

Macrolepiota procera

Ingen svampplockare kan undgå att imponeras av denna prominenta art, som står likt ett grant parasoll i våra marker. Fullt utvuxen kan den nå den ansenliga höjden av 40 cm, och med en hattdiameter på 30 cm betraktas den allmänt som vår största skivsvamp. De unga exemplaren bryter fram ur markytan som klubbor, vattrade i bruna nyanser. Den slutna, äggformade unga hatten utvecklas snart klocklikt, sedan mera utbrett, och svampen kan som äldre få uppvikt hattkant. Fullt utvecklad är hatten beklädd med bruna fjäll på ljus botten. Hattens puckel är slät och brun i alla utvecklingsstadier. De vita skivorna är täta, höga och mjuka och når inte fram till foten. Hattköttet är vitt och hos unga exemplar tämligen fast.

Foten är smal, ihålig, vidgad vid basen och tvärvattrad utefter hela sin längd. En dubbelkantad, lätt löstagbar ring omger foten. Det vita fotköttet är särskilt hos äldre exemplar trådigt och segt.

Stolt fjällskivling är en utsökt och välkänd matsvamp. Smak och lukt är milda och påminner om hasselnötter. Unga hattar serveras med fördel som råkost, medan äldre fordrar stekning. I krossat tillstånd är den sega foten användbar till såser eller soppor. Svampen bör främst sökas på sandig, kalkhaltig skogsmark, där den uppträder tämligen allmänt under augusti–september.

Rodnande fjällskivling **

Macrolepiota rhacodes

Denna art erinrar till utseendet om stolt fjällskivling men är mindre, vanligen 10–12 cm bred. Hatten har ljus grundfärg och är belagd med ganska stora, bruna spetsfjäll. Hattmitten har en bred mörk zon. (Exemplar som växer på kompost eller i fet gräsmark kan ha ljusa, nästan vita fjäll.) Formen är först klocklik, sedan parasollik, och skivorna är vita, täta och mjuka.

Foten saknar fjäll och är nästan helt vit. Den har tydlig ring och blir 10–15 cm hög. Den verkar förhållandevis kraftig och har en ordentlig uppdrivning vid fotbasen. Köttet är vitt men rodnar tydligt när det tummas eller bryts. Efter hand får fläckarna en brunröd färg. Lukten är mild, men smaken har en kärv, syrligt sammandragande brytning, liknande den hos honungsskivlingen.

Rodnande fjällskivling är en god matsvamp. Den kärva, syrliga eftersmaken försvinner vid tillredningen, och svampen är lämplig att blanda med andra arter. Under augusti–oktober kan den påträffas i barrkompost under gamla granar. Märk: ljusa exemplar påträffas inte sällan i rabatter och feta gräsmattor. Dessa är oätliga eller misstänkt giftiga. Den rodnande fjällskivlingen är tämligen allmän och kan lokalt förekomma i rikliga bestånd.

Parasoll-fjällskivling *

Macrolepiota nympharum (M. puellaris)

Denna lilla nätta art har en vit, flockfjällig hatt, som blir 4–8 cm bred. Formen är först klocklik, sedan utbredd. De täta, mjuka skivorna är vita. Foten är smal och vit och har en markerad uppdrivning vid basen. En tydlig ring omger foten i höjd med hatten. Köttet är vitt och rodnar något vid snitt och brytning samt även i väta. Vid tumning och skrapning rodnar även svampens yttre delar och får slutligen gråbrun färg.

Parasollfjällskivlingen är ätlig och växer mindre allmänt i barrförnan under gamla granar i augusti–september.

Fnasig fjällskivling *

Macrolepiota excoriata

Hatten är som ung vit men får i senare stadium en gulbrunaktig ton, särskilt mot mitten. Den får vackert klocklik form, blir parasollik med puckel och 6–10 cm bred. Ytan är vitmjölig till finfjällig, mera utpräglat fjällig mot hattkanten, som kan vara dekorativt sågtandad av överskjutande hyllerester. Skivorna är vita. Foten är smal och slät, vit samt ihålig. Den har ring, blir något basalt vidgad och 10–12 cm hög. Det vita köttet har mild smak och lukt. Fnasig fjällskivling är ätlig.

Arten växer inte sällan i kalkrik gräsmark under augusti–september.

Spenslig fjällskivling *

Lepiota clypeolaria

Hatten är först klocklikt formad, sedan välvd med svag puckel. Den blir 4–7 cm bred. Grundfärgen är vitgul, men mörkare filtfjäll bekläder hattytan med störst koncentration mot den mörka mitten. Kanten har ofta "trasiga", slöjlika hyllerester. De vita, mjuka skivorna sitter tätt.

Foten är 7–10 cm hög, rätt spenslig och vitgul till gulbrun. Den blir mjukluddig av ljust bruntonade hyllerester. Arten är ätlig med mild smak och lukt men bör få stå kvar och pryda blandskogens mosstäcke, där den växer mindre allmänt i augusti–september.

Syrlig fjällskivling °

Lepiota cristata

Syrlig fjällskivling är en liten art, vars hatt har vitglänsande grundfärg. Den är beströdd med små ljusbruna fjäll och har mörk puckellik hattmitt. Hatten blir 2–5 cm bred och får först klocklik, sedan utbredd form. Skivorna är tunna och vita. Foten är vit, smal och blir 3–6 cm hög. Den har en ofullständig, lätt försvinnande ring. Svampen har en syrlig lukt. Även smaken är syrlig, men med en kärv, sammandragande eftersmak.

Syrlig fjällskivling är oätlig och växer mindre allmänt på näringsrik mark under augusti–oktober.

Spärrfjällskivling (†)

Lepiota aspera

Hattens grundfärg är ljust brun. Den täcks av små spetsiga, bruna spärrfjäll, tätast mot mitten. Bredden är 7–12 cm. Formen blir välvd till utbredd med puckel, emellanåt med uppåtböjd, sprucken kant. Skivorna är vita och ytterligt tättsittande. Den 7–12 cm höga foten blir rätt kraftig och basalt något vidgad. Ringen utgörs av spindelvävslika hyllerester. Det rätt sega köttet har föga framträdande smak och unken eller syrlig doft.

Den oätliga arten växer mindre allmänt på komposter, avfallsplatser eller annan kväverik mark i augusti–oktober.

Rostbrun grynskivling °

Cystoderma granulosum

Hatten är 3–5 cm bred, först klocklik, sedan välvd med svag puckel. Färgen går i rostbrunt till rödbrunt och ytan är grynig eller finkornig. Skivorna är vita. Foten har samma färg som hatten och en dåligt utvecklad, trasig ring, som ganska snart försvinner. Ovanför ringen är foten slät, nedanför är den tätt beklädd med gryn eller fina korn. Hela svampen blir 3–6 cm hög.

Arten har mild smak och lukt. Den saknar matvärde och förekommer tämligen allmänt här och där i mossig barrskog under augusti–oktober.

Ockragul grynskivling °

Cystoderma amianthinum

Denna lilla grynskivling har, som namnet antyder, en smågrynig, ockragul hatt. Den blir 2–4 cm bred, först klocklik, sedan välvd med puckel och slutligen utbredd. Skivorna är vita men kan bli ljusgula. Den smala foten blir 4–6 cm hög, har hattens färg och är försedd med en svagt utvecklad ring. Ovanför ringen är foten slät, under ringen smågrynig eller mjölig. Svampen har ingen angenäm lukt och smak. Den är oätlig.

Den ockragula grynskivlingen växer flockvis allmänt i våra barrskogars mosstäcke under september–oktober.

Rödgrå grynskivling °

Cystoderma carcharias

Hatten hos denna prydliga art blir 3–6 cm bred. Den är grynig eller småkornig och har en rödgrå till gråvit färg. Som ung är hatten klocklik, som äldre välvd med en liten, spetsig puckel. Skivorna är vitaktiga. Den smala foten har hattens färg och omgärdas av en utstående, vit ring. Ovanför ringen är foten slät, nedanför grynig eller mjölig. Den blir 4–8 cm hög. Arten har en säregen, intensiv lukt och smak, som gör den oätlig.

Under augusti–oktober förekommer svampen i mossig barrskog. Den växer ofta i rader och är mycket allmän.

Kungschampinjon ***

Agaricus augustus

Kungschampinjonen är kanske den yppersta av våra matsvampar och därtill en av de största och vackraste. Hatten har ljusgul till halmgul grundfärg och är rikligt beströdd med små guldbruna fjäll. Den unga, nyss framkomna hatten ser från sidan närmast rektangulär ut men breder efter hand ut sig och blir som fullvuxen välvd och 15–25 cm bred. Skivorna är i början vitaktiga men blir med tiden chokladbruna till svartbruna, utan rödaktigt mellanstadium.

Den kraftiga foten är först vit till färgen och fint, mjöligt flockfjällig. Vid tillväxten blir fotytan glattare och kan få en något gulbrun ton. Den kan nå den aktningsvärda höjden av 20 cm och blir 2,5–4 cm bred. En vid, kjollik ring med flockig undersida omger foten. Hela svampen får, liksom det vita köttet, gula fläckar vid tryck eller tumning. Smak och lukt erinrar om mandel.

Som matsvamp har kungschampinjonen få, om ens några, jämlikar. Den blir allra läckrast gräddstuvad med bara en gnutta salt och är synnerligen dryg. Svampen innehåller dock höga doser kadmium (se sid 16). Arten är mindre allmän, vissa år sällsynt, men är genom sin storlek inte svår att upptäcka invid gamla granar eller i parkmiljö under augusti–september.

Vit kungschampinjon **

Agaricus macrosporus

Arten skiljs säkrast från övriga kungschampinjoner genom den vita färgen och från snöbollschampinjoner genom mönstret på ringens undersida. Hatten är glänsande vit och blir 15–25 cm bred. Den vita färgen gulnar något med tiden, och hattytan kan vara finfjällig, särskilt mot kanten. Unga hattar är nästan runda, men utvecklade svampar får en välvd och till sist utbredd hattform. De först vitaktiga, sedan ljust gråröda skivorna får i slutfasen brun färg.

Foten är vit, 8–15 cm hög, 2–4 cm bred och basalt vidgad. Den gulnar liksom hatten något efter tumning och tryck, är länge fint flockfjällig men blir slutligen slät. En småningom nedhängande, vid ring pryder foten. Ringens undersida är flockig av mjuka filtplättar, vilket lättast kan konstateras medan ringen ännu fäster vid hattkanten.

Det vita köttet har fast konsistens och smakar gott. Lukten är mer eller mindre mandellik, och vit kungschampinjon är en förträfflig matsvamp. Den innehåller dock höga doser kadmium (se sid 16). Svampen växer mindre allmänt i blandskog och hagmark under augusti–september och tycks föredra kalkgrund.

Snöbollschampinjon ***

Agaricus arvensis

Namnet snöbollschampinjon avser en grupp närstående arter. Snöbollschampinjonen har en sidenmatt, vit eller gulvit hatt, som vid beröring gulnar i olika grad. Den blir 10–15 cm bred. Skivorna är först gråvita, snart gråröda och slutligen brunsvarta. Foten är vit, 10–15 cm hög och har en väl utvecklad ring, vars undersida spricker upp likt en stjärna eller ett kugghjul. Svampens kött är vitt.

Arten är enastående läcker och har en stark smak av mandel. Lukten påminner om mandel eller anis. Tyvärr har den visat sig innehålla höga halter av den giftiga tungmetallen kadmium (se sid 16). Från juli till oktober växer snöbollschampinjonen gruppvis på ängar och betesmarker.

Varje svampplockare måste emellertid känna till skillnaden mellan champinjon och den dödligt giftiga vita flugsvampen. Champinjoner har färgade skivor och saknar varje form av slida vid fotbasen. Den vita flugsvampen däremot har oföränderligt vita skivor samt en tydlig slida runt fotbasen. Kom ihåg regeln att aldrig plocka och anrätta en svampart som inte med säkerhet kan identifieras!

Lökfotad *** snöbollschampinjon

Agaricus abruptibulbus

Denna art avviker från den vanliga snöbollschampinjonen genom sin tvärt vidgade, 3–4 cm breda, lökformade fotbas. Det stjärnlika mönstret på ringens undersida är otydligt eller saknas helt. Svampen växer under augusti–oktober tämligen allmänt i djup barrmylla vid foten av gamla granar och är läcker. Den innehåller dock liksom följande art ofta höga doser kadmium (se sid 16).

Liten snöbollschampinjon *** (*A. silvicola*) har något smalare fot med klubblik bas utan rak kant. Den är läcker och tämligen allmän i skogsmark under augusti–september.

Rosenchampinjon *

Agaricus porphyrizon

Hatten är först halvklotformig och blir sedan välvd till nästan plan. Bredden är 6–8 cm. Grundfärgen är ljusrosa, och hela hattytan är klädd med tilltryckta violetta fjäll. Hattkanten verkar något ojämn av trådiga hyllerester. Foten har uppsvälld bas och blir 5–6 cm hög. Den blir gul vid beröring och har en vit tunn ring, som gulnar. Köttet är vitt och har smak och lukt av mandel.

Rosenchampinjonen kan säkert ätas men är för sällsynt för att ha någon betydelse som matsvamp. Den växer i näringsrik barr- och lövskog i augusti–oktober.

Karbolchampinjon, † vit giftchampinjon

Agaricus xanthoderma

Karbolchampinjonen erinrar vid första påseendet om en spenslig snöbollschampinjon. Den unga hatten har emellertid en mera kantig profil och en matt, vit färg. Bredden blir knappa decimetern. Formen är länge klocklik men blir med tiden välvd och kan få större eller mindre sprickor i hattkanten. Skivorna är vitgrå till mörkare grå.

Foten kan bli 8–10 cm hög, vidgar sig något mot basen och är ofta krökt. Den har en väl utvecklad ring med tydligt förtjockad ytterkant. Kanten spricker senare upp i mindre, rektangulära partier. Hela svampen får omedelbart mässingsgula fläckar vid beröring, i synnerhet om man repar något med nageln. Fläckarna blir efter hand smutsbruna. Köttet gulnar något i fotens nederdel men är för övrigt vitt. Det har en mild men föga tilltalande smak och en svag doft som erinrar om karbol. Vid kokning blir denna lukt mera framträdande.

Karbolchampinjonen är giftig men har i vårt land inte förorsakat några allvarligare symtom. Den växer i parker och trädgårdar under juli–september, och är ganska ovanlig.

Pärlhönschampinjon, † pärlchampinjon

Agaricus praeclaresquamosus (A. meleagris)

Hatten har hos pärlhönschampinjonen vit till vitgrå bottenfärg, över vilken små blyertsgrå eller nästan svarta fjäll är rikligt strödda. Hos den unga hatten sitter de så tätt att den ger ett enfärgat gråsvart intryck. Vid hattens tillväxt glesnar fjällen perifert och blottar den ljusa grundfärgen, varvid hattens färg liknar fjäderdräkten hos en pärlhöna. Hattmitten är dock alltid helt mörk. Bredden är 6–12 cm och formen i tidigt stadium nästan rektangulär eller klockformig för att slutligen bli välvd. Den tunnköttiga hatten har först bleka, sedan gråskära skivor, som till sist blir brunsvarta.

Foten är 6–10 cm hög, vit och har uppsvälld bas. Den är ihålig och pryds av en vit ring, vars ytterkant är tydligt förtjockad. Hela svampen får, liksom karbolchampinjonen, vid tumning eller repning med nageln omedelbart mässingsgula fläckar, som efter hand blir smutsbruna. Smaken och lukten känns oangenäma. Pärlhönschampinjonen är troligen svagt giftig.

Arten är sällsynt hos oss men kan där den visar sig uppträda i jättebestånd. Pärlhönschampinjonen har sydlig utbredning och är funnen på flera ställen i Stockholmstrakten, bl a Mälaröarna. Den växer i löv- och blandskog under augusti–september.

Vit parkchampinjon **

Agaricus bitorquis

Vit parkchampinjon har, som namnet antyder, vit hatt. Som äldre samt efter tryck och tumning får den, liksom hela svampen, gulrosa fläckar. Den blir 6–12 cm bred och köttig. Unga exemplar har halvklotformig hatt och påfallande inrullad kant, vilket ger dem ett knubbigt utseende. Utvecklade hattar har fortfarande inböjd, typiskt avrundad hattkant och verkar liksom tillplattade ovanifrån. Skivorna är till en början ljust köttröda men mörknar och blir slutligen svartbruna.

Foten har samma färg som hatten. Den är kompakt, 4–6 cm hög och 2–3,5 cm tjock och kan få en rotlik, avsmalnande bas. Denna champinjonart har dubbel ring med den övre ringen något mer utvecklad. Köttet är vitt och kraftigt och rodnar vid snitt eller brytning. Smaken erinrar hos den råa svampen om rädisa, och lukten är först svagt syrlig, sedan rättikartad.

Vit parkchampinjon är ätlig och god. Den förekommer utefter vägar, i trädgårdar och parker på naken jord eller bland gräs och är tämligen allmän under juli–oktober. Svampen växer under markytan och kommer upp färdigutvecklad. Tänk på att vitaktiga parksvampar kan vara förrädiska! Bolmörtsskivling och rodnande trådskivling är två synnerligen giftiga arter som växer i parkmiljö.

Strandängschampinjon, * vit vägchampinjon

Agaricus bernardii

Denna massiva champinjonart har vit till smutsvit hattfärg, som i torrt väder kan få något gulaktig och i väta något skär ton. Hatten är som ung slät och halvklotformad och har starkt inrullad kant. Som äldre blir hatten välvd med inböjd kant och något nedtryckt mitt samt spricker upp i stora, grova, glesa fjäll, så att det ljusare köttet blir synligt. Bredden varierar mellan 8 och 15 cm. Skivorna är täta och först gråskära men övergår i svartbrunt.

Den förhållandevis korta foten blir 5–7 cm hög och 2,5–4 cm bred. Den har vit färg och är mot basen något avsmalnande. Fotens mitt omgärdas av en uppåtstående, kraglik ring, vilken utgör övre gräns för den hyllestrumpa som bekläder fotens basparti. Det kompakta köttet är vitt men rodnar kraftigt vid snitt eller brytning. Svampen har i färskt tillstånd en frän, föga angenäm doft och en något rättikartad smak.

Den vita vägchampinjonen är visserligen ätlig men inte god. Dessutom växer den ofta på renarna av tättrafikerade vägar och kan då ta upp ansenliga mängder bly, vilket gör svampen giftig. Under juni–september kan det lysa vitt av denna champinjon längs näringsrika vägkanter. Arten förekommer även på sydsvenska havsstrandängar.

Brun trädgårdschampinjon **

Agaricus bisporus

Denna art identifieras lättast på ringen. Hatten har länge inrullad kant med tilltryckt mitt men blir slutligen helt utbredd. Färgen är gråbrun till umbrabrun med inväxta mörka trådar och trådfjäll samt ljus, nästan tandad hattkant. Bredden varierar mellan 5 och 10 cm. De täta skivorna blir först köttröda och sedan svartbruna.

Foten är förhållandevis kort, blir sällan högre än 5 cm och har obetydligt förtjockad bas. Den är vit men kan bli något köttröd ovanför ringen och finflockig nedanför. Den utstående ringen är tjock närmast hatten men har påfallande tunn kant samt strimmig översida. Det vita köttet rodnar när det bryts eller snittas.

Lukten känns något syrlig eller påminner om rädisa. Smaken är hos den råa svampen närmast rättikartad. Den brytningen försvinner dock vid tillagningen, och brun trädgårdschampinjon är en god matsvamp. Arten förekommer inte sällan på trädgårdsjord, i halmrika gödselstackar eller vid vägkanter under juli–september.

En närstående art, **vit trädgårdschampinjon** ** (*A. hortensis*) odlas och saluförs allmänt i vårt land.

Skogschampinjon **

Agaricus silvaticus

Namnet skogschampinjon avser, liksom namnet snöbollschampinjon, en grupp arter eller former. Huvudarten har en 5–10 cm bred hatt med först halvklotformig, sedan välvd form. Den unga hatten är nästan vit innan den brutit fram ur markskiktet. Väl framkommen får den en gråvit grundfärg och är tätt beströdd med små nötbruna trådfjäll. De täta skivorna blir först vitaktiga, sedan gråröda och slutligen mörkt chokladbruna.

Foten har i början vitaktig ton men grånar snart och blir 6–10 cm hög. Vid beröring får den först rödaktiga, sedan bruna fläckar. Den är ihålig, tämligen smal, har ring och en väl avsatt basalknöl. Ovanför ringen är foten slät, nedanför fint flockfjällig. Den ljusa ringen, som har strimmig översida och mjukflockig undersida, grånar efter hand.

Svampen har ett tunt kött, som blir vinrött vid snitt eller brytning. Smaken är mild liksom lukten. Skogschampinjonen är en god och uppskattad matsvamp. Den växer ofta djupt nedsänkt i barrmyllan invid granar under augusti–september och påträffas allmänt.

Skogschampinjonen förväxlas ibland med **blodchampinjonen **** (*A. langei*), som är en kraftigare art med tät fot och breda hattfjäll. Den rodnar intensivt och är ätlig och god.

Ängschampinjon ***

Agaricus campestris

Namnet ängschampinjon betecknar liksom namnen snöbollschampinjon och skogschampinjon – en artgrupp. Hatten är hos huvudarten 5–8 cm bred, först halvklotformig, sedan välvd med ofta nedtryckt mitt. Färgen är vit, silkestrådig eller finfjällig men kan i väta få en svagt rosa nyans mot den av hyllerester något flossade hattkanten. Skivorna har en iögonfallande köttröd färg, klarare än hos de flesta andra champinjoner. De blir dock till sist svartbruna.

Den vita foten blir 3–6 cm hög och har en bas som ofta smalnar av och gulnar något. Ringen är tunn och faller lätt sönder. Svampens vita kött får en svag rodnad vid tryck eller när det snittas. Det har en angenäm, mild lukt och smak.

Ängschampinjonen är läcker och en av våra finaste matsvampar. Arten växer allmänt över hela Skandinavien och kan eftersökas från juli månad ända in i oktober. På ängar eller i beteshagar kan den förekomma rikligt och bildar emellanåt vackra älvringar, där gräset blir mörkare grönt.

Fjällig bläcksvamp ***

Coprinus comatus

Hatten blir 3–6 cm bred men ofta mer än dubbelt så hög. Unga hattar skjuter oväntat upp ur marken, avlånga, vita, formade som ägg. Snart blir hela svampen synlig och får då kraftigt fjällig, vit hattyta och en avlångt cylindrisk form. Hattformen bibehåller svampen till sitt upplösningsskede, då den kan bli klocklik med utåtvikt, trasig kant. De unga skivorna är vita, blir skära men färgas till sist svarta av sporerna och flyter sönder till en bläckliknande vätska.

Foten är vit, blir 10–20 cm hög och omgärdas av en tydlig ring. Det vita, tunna köttet har mild lukt och smak. Den mycket unga, helt igenom vita svampen är läcker, särskilt smörstekt men även stuvad. Varje färgförändring av kött eller skivor gör dock svampen oätlig.

Fjällig bläcksvamp är allmän i stora delar av vårt land. Under augusti–oktober förekommer den rikligt främst på fet gräsmark men även på gårdsplaner och vid vägkanter.

Grå bläcksvamp °

Coprinus atramentarius

Den grå bläcksvampen blir vanligen något mindre än den fjälliga. Hatten är glänsande silvergrå eller askgrå med ibland radiära, otydliga strimmor. Den blir 5–8 cm hög, 5–6 cm bred och kan mot mitten vara bruntonad och finfjällig. Mycket unga svampar har äggrund hattform, medan utvecklade exemplar blir klockformiga. De tunna skivorna är först vitgrå, svartnar sedan och flyter sönder till en bläckliknande vätska. Den ihåliga foten är vitgrå, något grynig och blir 8–12 cm hög. Ringanlaget är otydligt eller saknas helt.

Det tunna, vitaktiga köttet har svag lukt och mild smak. Grå bläcksvamp betraktas numera som oätlig, i synnerhet tillsammans med alkohol. Svampen innehåller ett antabusliknande ämne, som ger kraftigt illamående även i samband med obetydlig alkoholkonsumtion. Arten är allmän från juli till oktober och växer i täta tuvor nära träd eller stubbar. Den märks dock mest i öppen, fet gräsmark, där den kan förekomma vid någon dold trädrot.

En märklig bokskogsart kallas **rutig bläcksvamp** ° (*C. picaceus*). Den är större än föregående och har ett vitt yttre hylle, som spricker sönder och avsätts rutlikt på den mörka hatthuden. Oätlig.

Glitterbläcksvamp °

Coprinus micaceus

Denna art blir betydligt mindre än både fjällig och grå bläcksvamp. Hatten är gulbrun med något mörkare mitt. Den blir 3–5 cm hög och ungefär lika bred. Formen utvecklas klocklikt, och hattytan är tydligt fårad eller längsrynkad. Hatten är glest beströdd med små, i solljus glittrande korn, som dock rätt snart försvinner. De tunna skivorna har i början en gulvit färg men blir som hos alla bläcksvampar till slut svarta av de mogna sporerna.

Den ihåliga foten är vitmjölig och ibland svagt böjd samt tämligen smal och bräcklig. Köttet har vit färg, något fadd smak och saknar praktiskt taget lukt. Glitterbläcksvampen är oätlig.

Arten förekommer allmänt på eller invid multnande lövträdsstubbar och kan uppträda i tuvor med flera hundra exemplar, vanligen dock betydligt färre. Den trivs även i feta gräsmattor och har en lång växtsäsong från maj månad ända in i oktober.

Veckad ° bläcksvamp

Coprinus plicatilis

Hatten är endast 1–1,5 cm bred. Den är först matt brunaktig och klocklik. Snart blir den helt utbredd, gråblek till färgen men med mörkare mitt. Hattytan har markerade, radiära veck eller fåror, vilket ger svampen, sedd ovanifrån, utseende av ett litet hjul med ekrar och nav. Skivorna blir med tiden mörka av sporerna. Den vita foten är synnerligen späd och blir 3–5 cm hög.

Svampen saknar allt matvärde. Den visar sig tämligen allmänt i gräsmattor under juni–augusti. Utvecklingstakten är ytterligt snabb hos denna spröda art.

Stubbbläcksvamp °

Coprinus disseminatus

Arten är lätt igenkännlig genom sitt gyttrade växtsätt. Hatten blir sällan mer än centimeterbred och ungefär lika hög. Den är klocklik till formen, har fårad eller veckad yta och blir ljust grå eller gråbrun till färgen. De först bleka skivorna blir efter hand mörka, dock utan att flyta sönder. Den vita, tunna foten är nästan alltid böjd, och om den betraktas i lupp ser man att den är fint hårig. Arten saknar helt matvärde. Den växer tämligen allmänt i täta gyttringar på multnande lövträdsstubbar under maj–september.

Stor kragskivling °

Stropharia hornemannii

Arten kan variera avsevärt i storlek beroende på växtmiljön. Hatten blir 6–14 cm bred, välvd och får trubbig puckel. Färgen är ljust brun eller gråbrun, ofta med en violett nyans. Ytan är vid torrare väderlek något klibbig och i väta slemmig. De vidvuxna skivorna är först ljusgrå, får sedan röd ton och blir till sist svartvioletta av sporerna.

Foten är vit till vitgul och blir 8–15 cm hög. Den har klibbig eller slemmig yta och en svagt utvecklad, strimmig ring, som färgas svartviolett av sporerna. Ovanför ringen är foten slät, nedanför ljust grynig eller småfjällig. Svampen har ett vitt, fast kött med mild smak men med föga angenäm lukt.

Stor kragskivling kan ha ett tilltalande utseende men är oätlig. Den växer helst i fuktig barr- eller blandskog invid murkna stubbar samt gärna i kärrkanter bland björnmossa men även på torrare, mossrika ställen. Den förekommer under augusti–oktober över hela landet men är allmännare norrut.

Ärggrön kragskivling °

Stropharia aeruginosa

Näst efter röd flugsvamp är nog denna art den lättaste att känna igen. Ärggrön kragskivling har, som namnet antyder, en intensivt ärggrön hatt och ser ibland ut som om den doppats i grön karamellfärg. Ofta går dock färgen i mörkare blågrönt och bleknar hos äldre exemplar till ljust gröngult. Hattytan är klibbig och i väta slemmig. Formen blir välvd med trubbig puckel, och bredden kan uppgå till decimetern men är vanligen något mindre. De vid foten fastvuxna skivorna har först blek nyans, passerar ett rödgrått mellanstadium och blir slutligen svartvioletta av sporerna.

Foten blir 6–10 cm hög, får hattens färg i en ljusare ton samt är klibbig resp slemmig. Den har en i början uppåtstående, ljus, kraglik ring, som sedan blir trasigt nedhängande och svartviolett färgad av de nedfallande sporerna. Foten är slät ovanför ringen men ljust finflockig eller fjällig nedanför. Svampen har ett blekt, mjukt kött med något unken lukt och obehaglig smak.

Ärggrön kragskivling är oätlig. Den är allmänt förekommande under senhösten och påträffas mest i mossig blandskog men ofta nog även i ren lövskog eller på multnande rishögar. Från september till november visar sig denna vackra art.

Vit sprödskivling *

Psathyrella candolleana

Denna vita, tunna art visar sig redan på försommaren. Hatten är som mycket ung ljust gulbrun eller gulvit men blir snart helt vit. Den är länge halvklotformad till klocklik och blir välvd, ofta med sprucken kant. Bredden är 4–7 cm och köttet är i hatten mycket tunt. I hattkanten hänger vanligen vita, slöjlika rester av ett inre hylle, vilket är lättast att iaktta på yngre exemplar. De täta, vidfästade skivorna är i ungt tillstånd vitaktiga, blir efter hand gråvioletta och till sist svartbruna av sporerna.

Den vita, spröda foten är smal, ihålig och något uppdriven vid basen. Det tunna, sköra köttet har vit färg samt mild lukt och smak. Vit sprödskivling är ätlig som ung. På grund av sin "förgänglighet" bör den rensas och stekas omedelbart efter plockningen.

Arten förekommer allmänt på gräsmattor eller kring stubbar och rötter av lövträd. Från slutet av maj till oktober växer denna sprödskivling rikligt, och ibland kan flockar på flera hundra svampar påträffas.

Tuvad sprödskivling °

Psathyrella spadicea

Hatten blir 4–10 cm bred och mer eller mindre välvd. Den har ljust brun färg med svagt violett ton, blir mörkare vid fuktig väderlek och i torka nästan vit. Hattytan ger ett påtagligt slätt och matt intryck. De smala skivorna är först ljusa men blir slutligen svartbruna av sporerna. Foten är rätt kraftig, ihålig och vit. Den blir ofta böjd och 5–10 cm hög. Det ljusa köttet har mild smak och lukt.

Arten är ätlig men saknar större matvärde. Under september–november kan stora, täta svamptuvor tämligen allmänt bekläda stubbar och stammar av lövträd.

Tårsprödskivling °

Psathyrella lacrymabunda (Lacrymaria l.)

Hatten blir 4–10 cm bred och är färgad i mörkt gulbrunt till rostbrunt. Formen är i början klocklik men blir snart välvd med svag puckel. Hattytan får inväxta fibrer eller trådfjäll, och kanten bär slöjlika hyllerester. Skivorna är svartbruna med ljus egg. De avsöndrar ofta mörka, tårlika vattendroppar. Foten blir 7–10 cm hög, något ljusare än hatten samt trådfjällig. Den får en svag, mörk hyllering. Det gulbruna köttet har mild lukt och smak. Tårsprödskivlingen saknar större matvärde och växer rätt allmänt i fet gräsmark under augusti–september.

Rökslöjskivling, **
blekgul slöjskivling

Hypholoma capnoides

Hatten är hos denna matnyttiga slöjskivling ljusgul till gul med ibland gulbrunt inslag. Äldre exemplar kan bli liksom nedrökta av svartviolett sporstoft. Bredden varierar mellan 2 och 8 cm. Hattytan är glatt, medan kanten, särskilt hos outvecklade exemplar, pryds av fina hyllerester. Den unga hatten har halvklotform men blir som äldre välvd med svag puckel. De medeltäta, vidfästade skivorna är först blekgula, får sedan gråviolett anstrykning och blir slutligen svartvioletta.

Den 6–10 cm höga foten är på övre halvan blekt gul, på nedre halvan glänsande gulbrun till ljusbrun. Den har seg, broskartad konsistens, är smal, ihålig och ofta böjd. Det bleka, vitgula köttet har mild lukt och en smak som erinrar om färska gröna ärtor.

Rökslöjskivlingen är en god matsvamp – endast hattarna är användbara – som det verkligen lönar sig att känna till. Den kommer vanligen senare på hösten, och under september–november kan arten ge rikliga skördar. Som huvudingrediens i svampsoppa är den förnämlig. Växtplatsen är gamla stubbar eller rötter av barrträd, och växtsättet är tätt tuvat. Den förekommer vissa år synnerligen allmänt, och grupper med 50–100 hattar är ingen ovanlighet.

Svavelgul slöjskivling °

Hypholoma fasciculare

Hatten är svavelgul med gulbrun mitt. Den blir 3–6 cm bred och får i kanten mörka rester av hyllet. Formen är först rundad men blir sedan välvd. De täta skivorna har länge gröngul ton men blir i slutstadiet svartvioletta. Den smala foten når 6–10 cm i höjd, har hattens färg samt blir seg och ihålig. Köttet lyser svavelgult och har en starkt bitter smak men ingen särskilt framträdande lukt.

Svavelgul slöjskivling är oätlig. Den bekläder rätt allmänt äldre lövträdsstubbar men växer även i fet gräsmark eller lövkompost under augusti–oktober.

Tegelröd slöjskivling °

Hypholoma lateritium

Den 5–8 cm breda hatten har en ljusare gulaktig kant men blir mörkare rödbrun till tegelröd mot mitten. Den blir välvd och har ofta trådlika hyllerester vid kanten. Skivorna är som unga vitgula, skiftar sedan i grönt och blir till sist svartvioletta. Den sega foten har hattens färg i en ljusare ton och blir 5–10 cm hög. Den är vanligen böjd och har en svag ring av fintrådiga hyllerester. Lukten är obetydlig och smaken skarp.

Den oätliga arten växer allmänt i täta tuvor på lövträdsstubbar eller rötter från juli till oktober.

Guldtofsskivling °

Phaeolepiota aurea

Denna ståtliga art har en matt guldgul eller ockragul hatt. Den är i början klockformig med inböjd kant men breder snart ut sig och får vackert välvd form. Hattens bredd kan bli ända upp till 20 cm och får fint mjölig eller kornig yta. Skivorna har i början hattens färg, får en lergul ton och blir så småningom kanelbruna.

Foten är 10–18 cm hög och kraftig. Den pryds upptill av en vid, utstående, kraglik ring, som hos den unga svampen förenar fot med hattkant och alltså utgör resten av ett guldgult inre hylle. Nedanför ringen är foten mörkt guldgul till ockragul och finkornig. Ovanför ringen är foten ljusare gul och slät. Svampens vita kött har fast konsistens. Det har en kryddliknande, angenäm doft och mild smak.

Guldtofsskivlingen har trots sina många trevliga egenskaper ansetts som oätlig men kan troligen ätas. I senare utvecklingsstadium lär den dock innehålla små mängder blåsyra. Svampen är utan tvekan sällsynt men växer där den förekommer i rikliga bestånd och kan bilda praktfulla häxringar. I Syd- och Mellansverige kan den påträffas under augusti–oktober i lövängar, på kväverik jord bland brännässlor eller på näringsrika gräsytor i parker och trädgårdar.

Fjällig tofsskivling *

Pholiota squarrosa

Hatten har hos den fjälliga tofsskivlingen en gul grundfärg. Som namnet antyder är den beklädd med gulbruna till mörkbruna spetsfjäll, vilka är tydligt utspärrade. Hattformen är först avrundad med inböjd kant, varefter den blir närmast välvd med låg puckel. Bredden varierar normalt mellan 7 och 12 cm, men "förvuxna" hattar med mer än 20 cm diameter kan ibland påträffas. De täta skivorna har i början gul färg men blir rostbruna av sporerna.

Foten har hattens färg, blir 8–12 cm hög, 1–2 cm tjock samt hård och fast. Den smalnar av något mot basen och omgärdas av en väl utvecklad ring, som med tiden färgas rostbrun av nedfallande sporer. Nedanför ringen är foten brunt spärrfjällig, ovanför ringen slät och nästan vit. Svampen har ett ljusgult, fast kött, som i foten är segt. Det har mild smak och en svagt rättikartad, inte oangenäm doft.

Fjällig tofsskivling är ätlig men ingen läckerhet. Den växer gärna vid basen av fruktträd, liksom vid alm, ask, ek och lind. Arten är lätt att få syn på och väcker berättigad uppmärksamhet där den breder ut sig i stora, täta tuvor under augusti–oktober.

Svaveltofsskivling °

Pholiota flammans

Svaveltofsskivlingen är omisskännlig och har fått sitt latinska artnamn (flammans) p g a sina starka, flammande färger. Hatten är klädd med lysande, svavelgula, utspärrade fjäll, vilka kontrasterar vackert mot den gulröda eller mörkt orangefärgade hattytan. Den blir halvklotformig till välvd och 3–8 cm bred. Hattkanten har ofta svavelgula fransar av hyllet. Skivorna är först vackert gula men får till slut rostbrun färg av sporerna.

Den gula till gulröda foten blir 5–8 cm hög och har en svagt utvecklad ring. Ovanför ringen är foten slät, nedanför är den svavelgult fjällig. Det gula köttet, som kan få en rödbrun ton, har svagt rättikartad doft och något kärv smak.

Svaveltofsskivlingen är visserligen oätlig, men den färggranna arten kan knappast förbigås utan närmare studium, där den växer i smärre grupper på murkna stubbar av barrträd. Den tycks föredra gran och påträffas mindre allmänt under augusti–september.

Slemmig tofsskivling, ° piltofsskivling

Pholiota aurivellus

Den 6–12 cm breda hatten har gul grundfärg men bekläds av kraftiga mörkbruna, utstående fjäll. Hatthuden är i väta mycket slemmig. Skivorna har först gul färg men blir sedan rostbruna av sporerna. Den mot basen något avsmalnande foten blir 8–14 cm hög och har en svag ring. Ovanför ringen är foten gul och slät, nedanför ringen bruntonad och fjällig. Även foten blir slemmig i väta. Köttet är gulaktigt i hatten och rostbrunt mot fotbasen. Oätlig.

Arten är sällsynt och växer på stammar och stubbar av lövträd i augusti–september.

Gul flamskivling °

Pholiota alnicola

Hatten är som ung vackert smörgul men kan få brungul mitt och rostbruna, vårtlika fläckar. Hattytan känns svagt klibbig. Den blir 2–6 cm bred och först halvklotformig, sedan välvd. De smala skivorna är i ungt stadium blekt gula men färgas småningom bruna av sporerna. Foten blir 5–10 cm hög, smal, seg och ofta böjd. Den är i början helt gul men får hos utvecklade exemplar brun nederdel. Det gulvita köttet har frisk doft och mild smak. Oätlig.

Svampen växer tuvad på lövträdsstubbar rätt allmänt under augusti–oktober.

Fläckig bitterskivling °

Gymnopilus penetrans

Hatten har brandgul till rostgul, sällan helt gul färg. Den är 3–8 cm bred, länge välvd men blir ofta utbredd. Skivorna är först gula men får snart talrika rostbruna fläckar. Den broskartade, ihåliga foten har gul till ljust gulbrun färg, blir fint längsstrimmig och 4–7 cm hög. Basen är vitluddig. Det bleka köttet har frisk doft, men smaken är starkt bitter.

Fläckig bitterskivling är oätlig. Den växer mycket allmänt på stubbar och multnande rester av barrved och visar sig i glesa grupper under juli–september.

Slemmig flamskivling °

Pholiota lenta

Svampen har en gråvit hatt, som blir 4–8 cm bred. Formen är välvd eller utbredd. Mot kanten kan den vara glest fjällig och försedd med svaga slöjrester. Hela hatten är i fuktigt väder täckt av ett tjockt, genomskinligt slemlager. De från början gulgrå skivorna blir småningom brunaktiga. Foten är vitgrå med bruntonad bas och blir knappt decimeterhög. Den bekläds av bleka trådfjäll. Köttet är vitt – i fotbasen brunt – och har rättikartad smak och lukt. Svampen är oätlig och växer under september–november i fuktig granskog, ofta på rishögar.

Ringbitterskivling (†)

Gymnopilus junonius
(G. spectabilis)

Denna art, som även kallas bitter tofsskivling, har en invuxet trådig, 6–15 cm bred hatt med grant guldgul till orangegul färg. Formen är först halvklotlik men blir med tiden välvd med länge inrullad kant och kvarstående trubbig puckel. Skivorna sitter tätt och är i början gula men övergår efter hand i mera rostbruna färgtoner.

Foten blir 6–12 cm hög och mot basen ofta kraftigt vidgad, för att slutligen övergå i en smal, rotlik förlängning. Hattkanten fäster hos unga exemplar vid fotens övre del genom en kraftig, hudartad ring, som vid hattens utbredning kvarstår och vanligen rostfärgas av sporerna. Foten är gul till ockragul, mot basen mera gulbrun, och i synnerhet nedanför ringen invuxet trådig. Svampens blekgula kött har en synnerligen bitter smak, varför arten är oätlig, eller möjligen något giftig. Den vackra ringbitterskivlingen är sällsynt och växer på stammar, stubbar eller rötter av lövträd under september–oktober i Syd- och Mellansverige.

Mörkfotad bitterskivling °

Gymnopilus picreus

Mörkfotad bitterskivling har en kal, välvd eller mjukt klocklik hatt som blir 1–5 cm bred. Färgen är i fuktigt väder mörkt rödbrun eller kanelbrun med gul ytterkant, vid torka ljusare brungul. Skivorna är täta och länge kontrasterande guldgula, men blir efter hand gulbruna. Foten är 4–8 cm hög och 2–4 mm tjock. Den är oftast mörkt brun eller rödbrun och svagt vitflockig överst. Köttet har mycket bitter smak och svampen är oätlig.

Arten växer tämligen allmänt på multnande barrträdsstubbar under september–oktober.

Gifthätting, † dadelbrun hjälmskivling

Galerina marginata

Svampen, som är en giftig dubbelgångare till föränderlig tofsskivling har gulbrun eller kanelbrun, kal hatt med strimmig kant. Den är s k hygrofan och ändrar färg efter vädrets fuktighetsgrad. De ljusbruna, täta skivorna är svagt nedlöpande på den tunna, 2–6 cm höga foten, vilken överst har en rätt väl utvecklad ring. Lukten är liksom smaken mild och mjöllik, men svampen är mycket giftig. Den innehåller samma gifter som vit flugsvamp, om än i lägre koncentrationer. Gifthättingen växer tämligen allmänt på murken barrved, ibland på lövved, under augusti–oktober.

Föränderlig tofsskivling **

Pholiota mutabilis
(Kuehneromyces m.)

Föränderlig tofsskivling är en av våra allmännaste och mest kända stubbsvampar. Den är s k hygrofan, vilket innebär att den ändrar färg mellan torr och fuktig väderlek. I regnigt väder antar hatten mot mitten en gulbrun färg, medan övriga delen av hatten blir något mörkare brun. I torka är däremot hattens mitt mörkare än den omgivande delen. Hatten, som har brunaktiga skivor, blir 3–6 cm bred och svagt koniskt välvd.

Den smala foten blir ca 8 cm hög, ljus ovanför och mörkbrunt småfjällig nedanför den tydliga ringen. Svampen har mild lukt och smak. Förväxlingsart, se föreg sida.

Föränderlig tofsskivling växer gyttrad i täta kolonier på multnande stubbar och får genom sin rikliga förekomst stort värde som matsvamp. Märk: endast hattarna plockas. Från juni till oktober kan man under gynnsamma år skörda denna goda tofsskivling i löv- och blandskog.

Rynkad *** tofsskivling

Rozites caperatus

Hatten är gul till grågul eller ljust gyllenbrun och 8–12 cm bred. Mot mitten får hattytan vanligen en skimrande gråvit beläggning, som vackert "försilvrar" hatten. Formen är i början klocklik med inböjd kant. Den blir sedan välvd med trubbig puckel och slutligen utbredd med ofta djupa kantsprickor. Hatten är i alla stadier mer eller mindre rynkad, särskilt mot kanten. Skivorna är först lergula men får kanelbrun färg. De har fintandad egg och är tvärrynkade.

Den vita foten blir 7–12 cm hög, ganska kraftig och ofta diffust vattrad. Den pryds av en rynkad, väl utvecklad vit ring, som ibland ser ut att ha dubbel kant. Köttet är vitt till gulvitt och har mild smak och doft.

Rynkad tofsskivling är en av våra läckraste matsvampar och tillika en av de prydligaste. Den växer tämligen allmänt i äldre barrskog och kan förekomma rikligt i sandiga tallmoars lav- och mosstäcke under augusti–september.

Tårfränskivling †

Hebeloma crustuliniforme

Den 4–8 cm breda hatten är ljust gråbrun eller blekt grågul med en mörkare ton mot mitten. Hattytan blir klibbig i väta. Formen är välvd med svag puckel och ibland uppåtvikt kant. Skivorna har lergrå färg med naggad, mörkprickig egg och kan vid väta få tårlika vätskedroppar. Den vitaktiga foten är överst finprickig och 5–7 cm hög. Köttet har oangenäm smak och lukt av rättika.

Tårfränskivlingen är möjligen svagt giftig. Svampen växer rikligt i fuktig blandskog, parker och trädgårdar eller vid vägkanter under augusti–oktober.

Senapsfränskivling °

Hebeloma sinapizans

Denna art blir större och kraftigare än tårfränskivlingen. Hatten är läderbrun till brungul med mörkare mitt och blir 7–15 cm bred. Den ger ett köttigt intryck och får oregelbundet buktad kant. Skivorna är först bleka men får sedan lerbrun till kanelbrun färg. Den kraftiga foten blir 5–10 cm hög. Den är ljus, trådigt småfjällig och kan få tilltryckta, skallika bildningar. Vid snitt syns i köttet överst i foten en mörk fläck. Det bleka köttet smakar och luktar något rättikartat.

Senapsfränskivlingen är oätlig. Den växer i kalkrik lövskog under augusti–september och är mindre allmän.

Tidig åkerskivling °

Agrocybe praecox

Hatten är vid normal fuktighet vit till gulvit och slät. Vid kraftig torka blir färgen gulbrun och hatthuden kan spricka upp. Formen är välvd och bredden blir 3–8 cm. De unga skivorna har ljust gulgrå ton men färgas som äldre bruna av sporerna. Foten är vit till vitgul och ganska smal. Den blir 5–9 cm hög och är ringförsedd. Svampen smakar och luktar som mjöl men saknar matvärde.

Tidig åkerskivling kommer tidigt på säsongen, och från maj till augusti kan svampen växa rätt allmänt i gräsmark, trädgårdar eller längs vägkanter.

Sidentrådskivling †

Inocybe geophylla

Denna lilla art är helt och hållet sidenglänsande vit. Hatten blir 1–4 cm bred, endast undantagsvis något större. Den har som ung klocklik form men blir småningom välvd med puckel. Skivorna är först vita men blir efter hand brunaktiga av sporerna. Foten är vit, smal och 3–5 cm hög. Arten har en tydlig spermatisk doft och mild smak. Sidentrådskivlingen är giftig. Den växer allmänt under augusti–oktober både i löv- och barrskog, ofta längs skogsvägar eller på naken jord. Arten kan även uppträda i en mindre allmän, vackert lilafärgad form.

Topptrådskivling †

Inocybe rimosa (I. fastigiata)

Arten är en av de giftigaste inom släktet. Den unga hatten är klockformig men blir snart välvd med påfallande hög, spetsig puckel. Den får till sist uppvikt, sprucken kant, varvid puckeln kvarstår. Hatten blir 4–8 cm bred och färgad i gulbrunt med mörkare, tätt invuxna radiära trådar. Skivorna är som unga ljust gulgrå men ändrar efter hand färg till gulbrunt med grön ton.

Foten har en ljusare gulbrun nyans än hatten, blir något längsfibrig och 5–8 cm hög. Det tunna köttet har vit färg och saknar framträdande smak. Svampen har en karakteristisk doft av sperma, något som är gemensamt för vissa arter inom trådskivlingssläktet.

Topptrådskivlingen är mycket giftig. Den påträffas dessutom mycket allmänt hos oss, varför det finns goda skäl att varna för arten och lära in dess kännetecken. Från juli till slutet av september växer svampen i löv- och blandskogar, men även i mossrika gräs- och hagmarker. Ofta förekommer arten i större eller mindre sällskap.

Tegelröd trådskivling, †† gifttrådskivling

Inocybe erubescens (I. patouillardii)

Denna art, som även kallas *rodnande trådskivling*, är den giftigaste inom släktet. Nyss uppkommen ur jorden är hatten matt vit och har ytligt sett form och färg som en ung champinjon. Hatten rodnar dock snart – i synnerhet vid beröring – och får efter hand vinröd till tegelröd färg. Den är något oregelbundet klockformig men blir småningom välvd med puckel. Ytan är invuxet trådig. Bredden varierar mellan 4 och 10 cm och hattkanten får i senare stadium kraftiga, radiära sprickor. De rynkade, ojämnt grenade sprickorna är i början bleka, får sedan gulgrå ton och blir slutligen gulbruna med ljusare egg.

Foten blir 4–8 cm hög, 1–2 cm tjock och ofta krökt. Den är först vit men rodnar i vinrött och tegelrött liksom svampen i övrigt. Köttet har mild smak och något unken lukt.

Tegelröd trådskivling är synnerligen giftig och värd stor respekt. Arten växer nästan uteslutande i kalktrakter, där den gärna väljer naken mulljord i parker och ädla lövlundar. I juli–augusti kan den sällsynta svampen påträffas i södra och mellersta delarna av vårt land. Observera att parkväxande champinjoner kan förväxlas med denna art! Champinjoner har emellertid ring, vilket denna trådskivling inte har.

Dofttrådskivling °

Inocybe bongardii

Hatten är klockformig eller välvd med trubbig puckel. Färgen går i ljust gulbrunt till nötbrunt, och hattytan täcks av tydliga, mörkare fjäll, vilket kan ge svampen utseendet av en mindre fjällskivling. Bredden uppgår som mest till knappa decimetern men är vanligen något mindre. Den 6–10 cm höga, längsfibriga foten är vit men blir ljust vinröd mot basen, särskilt vid snitt och tumning. Svampen har en stark pärondoft. Dofttrådskivlingen är oätlig. Arten föredrar något kalkhaltig löv- och blandskog under augusti–september.

Aprikos-spindelskivling °

Cortinarius armeniacus

Denna prydliga och rätt allmänna art är okänd för de flesta genom att den saknar framträdande kännetecken. Hatten är 6–10 cm bred och färgad i gulbrunt eller ockragult. Den blir något mörkare i väta, ljusare i torrt väder. Formen är klocklik till välvd med bred, trubbig puckel. Skivorna har först blekgul nyans men blir sedan bruna. Foten är vit, 6–9 cm hög och 2–4 cm bred vid basen men bara drygt centimeterbred närmast hatten. Det vita köttet har mild smak och lukt. Svampen växer i mossig barrskog under augusti–oktober. Oätlig.

Mångkransad spindelskivling °

Cortinarius triumphans

Denna art är förmodligen den bästa matsvampen inom släktet. Hatten har hos mångkransad spindelskivling gul eller något gulbrun färg. Den är köttig, blir 7–12 cm bred och får i väta klibbig hud. Yngre exemplar har kullrig hattform med länge inrullad kant, medan äldre hattar småningom blir utbredda. Skivorna är först nästan vita, får sedan en gråviolett skiftning och blir slutligen kanelbruna. Eggen är ofta fint sågtandad.

Den hårda, kraftiga foten pryds av 3–6 gulbruna fjällkransar på gul botten och blir vanligen 7–12 cm hög och 2–3 cm tjock. Emellanåt påträffas dock exemplar med starkt förtjockad, nästan trähård fot. Det vita köttet har fast konsistens och mild lukt och smak, ibland erinrande om rädisa. Mångkransad spindelskivling är en utmärkt matsvamp, som många svampkännare uppskattar. Med sina bruna färger och sin tvärbandade fot kan svampen dock förväxlas med någon giftig spindelskivlingsart – se spetstoppig giftspindelskivling – varför oerfarna svampplockare avråds från att plocka och äta mångkransad spindelskivling.

Arten växer allmänt och rikligt i blandskog och hagmark, där den särskilt i närheten av björk kan påträffas i stora bestånd under augusti–oktober.

Klubbspindelskivling °

Cortinarius varius

Arten kallas även "blåöga" p g a skivornas färg. Hatten är ljust gulbrun, slät och 4–8 cm bred. Den blir i väta klibbig, vid torr väderlek svagt glänsande. Den har som ung halvklotform med inrullad spindelvävstrådig kant men blir sedan välvd. Skivorna är länge vackert klarblå men övergår efter hand i rostbrunt.

Foten är vit och har en klubblikt förtjockad bas. Den har fintrådiga, rostbruna hyllerester, blir i allmänhet kraftig och 6–9 cm hög. Köttet har i hatt och fot vit färg och smakar och luktar rätt angenämt.

Klubbspindelskivlingen är ätlig, men saknar större matvärde. Svampen växer under augusti–september tämligen allmänt i barrskog och tycks föredra närheten till gran.

Gul spindelskivling ° (*C. delibutus*) överensstämmer i allt väsentligt med föregående art men är mindre och spensligare och får i väta slemmigare hatt. Den växer i blandskog och saknar matvärde.

Halmspindelskivling °

Cortinarius talus

Hatten hos halmspindelskivlingen är halmgul till ockragul men kan i torka få blekare nyanser. Den är ofta fint, invuxet trådig. Bredden varierar från 6 till 9 cm. Den unga hatten är kullrig med inrullad, trådig kant men blir som äldre välvd med otydlig puckel. Skivorna har först vitaktig färg, blir efter hand grålila och slutligen bruna av sporerna. Skiveggen är fint sågtandad.

Foten är vitaktig med gul ton och har tunna, rostbruna trådar från hyllet. Den blir 8–12 cm hög och vid basen kraftigt löklikt uppdriven. Det vita köttet, som gulnar något med tiden, smakar och luktar milt.

Halmspindelskivlingen saknar matvärde. Arten växer i torra löv- och blandskogar med bl a björk, ek och bok. Den är mindre allmän och påträffas i mindre grupper under augusti–oktober.

Jodoformspindelskivling °

Cortinarius obtusus

Jodoformspindelskivlingen är en allmän och starkt variabel art. Hatten blir brun i olika nyanser, från mörkare kanelbrun i väta till ljusare lergul eller ockragul i fuktigt väder. Ytan är trådig och strimmig mot kanten. Den unga svampen har klocklik hatt, som sedan blir välvd till utbredd med tydlig puckel. Gamla exemplar får ibland uppåtvikt, radiärt uppsprucken kant. Hattbredden är vanligen 3–6 cm, men jätteexemplar på 10–12 cm är inte sällsynta. Skivorna sitter glest och är breda med fintandad, ljusare egg. De har först ljusbrun ton men mörknar med tiden.

Den vita till gulvita foten blir 6–12 cm hög. Den får trådigt längsstrimmig yta och smalnar av mot basen, som ofta är något rotlikt förlängd. Köttet har en ljust gulbrun ton. Svampen kan ha en tydlig lukt av jodoform (sårrengöringsmedel), vilket känns tydligast vid fotbasen. Jodoformspindelskivlingen saknar matvärde.

Svampen är mycket vanlig och växer såväl enstaka som i täta grupper under september–oktober i barrskog.

Krydd-spindelskivling °

Cortinarius percomis

Hatten är hos denna välluktande spindelskivling klargul eller något skiftande i gulrött. Den blir halvklotformad till välvd och 4–8 cm bred. Skivorna är länge lysande citrongula men färgas till sist bruna av sporerna. Foten blir 4–8 cm hög och får ljusgul till svavelgul färg.

Det ljust gula köttet har mild smak och svampen har en ljuvlig doft av citron eller vanilj och av kryddan koriander. Krydd- eller saffransspindelskivlingen är ätlig men saknar större matvärde. Den växer mindre allmänt i kalkrik, mossig barrskog under augusti–oktober.

Blekviolett spindelskivling °

Cortinarius alboviolaceus

Arten har en fint silkesluden, ibland nästan silverglänsande blekviolett hatt. Den kan ha ljust grå ton eller vara nästan vit med blå nyans. Bredden är 3–8 cm och formen länge klocklik men blir småningom utbredd med puckel. De glesa, höga skivorna är först ljust violetta med grå ton men blir sedan ljusbruna och har fint sågtandad egg. Foten, som har hattens färg, blir 5–8 cm hög och vidgad nedåt. Köttet har mild smak och lukt.

Blekviolett spindelskivling är oätlig. Den växer tämligen allmänt i mager löv- och blandskog under augusti–september.

Blånande lökspindelskivling °

Cortinarius purpurascens

Hatten är först nästan violett men blir snart violettbrun och till sist brunaktig. Den har i väta klibbig hud och blir 6–12 cm bred. Formen är först kullrig med inrullad kant men blir sedan utbredd. Skivorna är länge violetta men blir bruna. De får, liksom foten, vid tryck rödvioletta fläckar. Foten är ljusviolett och blir 6–10 cm hög, har upptill fina hylletrådar samt löklikt vidgad bas. Det violetta köttet har honungslik doft och mild smak. Svampen saknar matvärde. Den växer tämligen allmänt i barr- och lövskog under augusti–september.

Blå lök-spindelskivling °

Cortinarius caerulescens

Hatten är först ljust blå, blir småningom blåviolett till gråviolett med ett brunaktigt slutstadium. Formen är först halvklotlik, sedan välvd med nedböjd kant. Bredden blir 5–10 cm. Skivorna har i början vackert blåviolett färg men blir till sist brunaktiga av sporerna. Foten är glänsande blålila och blir 4–6 cm hög. Basen vidgar sig tvärt löklikt och får en tydlig, ljus kant. Det ljust blåvioletta köttet blir med tiden vitaktigt och har mild smak och lukt. Svampen är oätlig. Den växer sparsamt i lövängar och bokskogar på kalk under augusti–oktober.

Violspindelskivling °

Cortinarius violaceus

Violspindelskivlingen är omisskännlig genom sin mättade färg. Hatten är mörkt violett till violblå, hos äldre exemplar med en brun skiftning. Den blir 5–10 cm bred och har en nästan sammetsluden eller mjukt småfjällig yta. Formen är kullrig hos unga exemplar, vilka även har starkt inrullad kant. Äldre hattar får vackert välvd form. Skivorna är länge violblå men får av sporerna slutligen brun färg.

Foten har hattens violetta färg och blir 7–10 cm hög. Den är något trådig, har fast konsistens och är klubblikt vidgad mot basen. Det violetta till gråvioletta, hårda köttet anses smaka och lukta som träet i en blyertspenna.

Violspindelskivlingen saknar värde som matsvamp men har desto större värde som studieobjekt och som prydnad i skog och mark. Den iögonfallande men rätt ovanliga arten växer i barr- och lövskog, och med en smula tur kan man träffa på en liten grupp av denna granna spindelskivling under augusti–september.

Rodnande spindelskivling, ° blågrå spindelskivling

Cortinarius cyanites

Denna art avviker från andra blåaktiga spindelskivlingar genom sitt rodnande kött. Hatten är matt blå till blågrå med en ton av violett. Den får vanligen mörkare mitt, är rätt köttig och blir 5–10 cm bred. Skivorna är blå till blålila för att slutligen bli brunfärgade av sporerna.

Foten är blågrå till gråviolett, är nedåt vidgad och blir 6–10 cm hög. Den har ofta tunna rostfärgade slöjrester upptill. Köttet är fast och färgat i en gråviolett nyans. Det får snart en vinröd ton om det snittas eller bryts. Lukten är svag men smaken något bitter, varför svampen är oätlig.

Rodnande spindelskivling är ganska ovanlig. Den påträffas här och var i löv- och blandskog med bl a björk och gran under augusti–september.

Jättespindelskivling °

Cortinarius praestans

Denna bjässe bland spindelskivlingarna har en brunviolett till rödblå hatt, som blir 10–20 cm bred. Kanten behåller länge en gråviolett ton. Den unga hatten är halvklotformig, inrullad och förenad med foten av ett ljusviolett till nästan vitt kraftigt hylle. Rester av hyllet kan sedan sitta kvar på kanten hos den utvecklade, välvda hatten. Hattkanten är i alla utvecklingsstadier tydligt rynkad. De unga skivorna är vitgrå, får en violett skiftning och blir efter hand bruna. Eggen är tydligt sågtandad. Den ljusa foten blir 10–15 cm hög, nedåt vidgad och 2–5 cm tjock. Den varierar i nyanser från vitgult till ljusblått eller ljusviolett och har överst rester av hyllet. Fotens nedre del spricker upp i flera, breda, kranslika skal, vilka ser ut som en ljusviolett bark. Det fasta köttet är i hatten vitt men får i foten en svagt blå ton.

Jättespindelskivlingen är ätlig men bör undvikas p g a risken för förväxling med giftiga eller oätliga spindelskivlingar. Arten är inte vanlig, men den storvuxna svampen är lätt att få syn på där den växer nära bok och hassel i lövskogar och ängar under augusti–oktober.

Bockspindelskivling °

Cortinarius traganus

Arten är liksom den följande en av de klassiska förväxlingssvamparna till blåmusseron. Hatten är lilafärgad till lilagrå och har sidenglans men blir efter hand mer eller mindre brungul. Den når en bredd av 6–10 cm och är i ungt tillstånd halvklotformig med inrullad kant. Som äldre blir hatten välvd. De täta skivorna är först gulbruna till rostgula men blir så småningom rostbruna.

Foten har hattens färg, är nedåt vidgad och blir 6–10 cm hög. Den får ofta rostbruna rester av en spindelvävsliknande slöja, som hos den unga svampen förenat fot med hattkant. Svampens kött är gulbrunt till rostbrunt och har oangenäm smak. Den starka lukten är rent motbjudande och påminner om karbidgas. Bockspindelskivlingen är oätlig.

Den rätt dekorativa arten växer allmänt i mossiga barr- och blandskogar under juli–oktober. Märk att en blåmusseron aldrig får trådar på fot eller hattkant och aldrig rostbruna sporer.

Stinkspindelskivling, ° kamferspindelskivling

Cortinarius camphoratus

Arten förväxlas liksom föregående ofta med blåmusseron. Hatten är som ung blålila men blir i senare stadium lilagrå, slutligen ljust brunviolett. Bredden blir 6–12 cm och formen först kullrig med inrullad kant, sedan välvd med något inböjd kant. De täta skivorna är som unga blåvioletta men färgas småningom rostbruna av sporerna.

Foten blir 6–12 cm hög, violett till grålila i färgen och något basalt vidgad. Den får vanligen trådlika hyllerester, som färgas rostbruna av de nedfallande sporerna.

Svampens kött är ljust violett och har nästan mild smak. Den speciella lukten är för många synnerligen motbjudande, medan andra tycks känna endast svagt obehag. Den liknas ofta vid lukten av vidbränt kött.

Stinkspindelskivlingen är oätlig. Den växer tämligen allmänt i barr- och blandskog under augusti–september. Märk att blåmusseron aldrig har trådar på hatt och fot och aldrig bruna sporer.

Lundspindelskivling °

Cortinarius nemorensis

Hatten har i ungt stadium violett färg men blir efter hand gulbrun till ljusbrun med början i mitten. Kanten är länge violett. Bredden blir 6–12 cm och formen först halvklotlik, sedan välvd till utbredd med trubbig puckel. De unga skivorna är gråvioletta men blir lergula och slutligen kanelbruna av sporerna. Foten har ljusviolett färg, blir 6–12 cm hög och får vidgad bas.

Det fasta, ljust violetta köttet smakar och luktar milt. Arten, som saknar matvärde, förekommer tämligen allmänt i våra ädellövskogar under september–oktober.

Kantspindelskivling °

Cortinarius variecolor

Hatten är först rödbrun, senare brunaktig med länge rödviolett kant. Den är mycket kraftig och blir 8–16 cm bred. Unga exemplar är kullriga medan äldre hattar blir välvda med inböjd kant. Skivorna är först blekvita, får sedan violett ton och blir till sist bruna. Foten är vit till violettonad, 5–8 cm hög och 3–4 cm tjock, ofta med något vidgad basdel. Det fasta köttet har vit färg med violett skiftning samt luktar och smakar något rättikartat. Arten är oätlig. Den är inte ovanlig i barr- och blandskog under augusti–september.

Ullspindel-skivling °

Cortinarius laniger

Hatten är färgad i rostrött till rödbrunt och blir 4–8 cm bred. Dess yta är invuxet trådig eller småfjällig och kan i kanten prydas av vita hyllerester. Den unga hatten har välvd form med inrullad kant, medan utvuxna hattar får trubbig puckel och nedböjd, ofta sprucken kant. Skivorna är rätt tjocka och glesa. De har först en roströd ton men blir efter hand chokladbruna av sporerna.

Foten blir 7–10 cm hög och något bredare mot basen. Den har samma färg som hatten och längsfibrig yta. Hos unga exemplar bekläds foten av ett vitt, luddigt hylle. Vid svampens längdtillväxt avsätts detta som vita, glesa, ibland nästan hudartade gördlar på fotens nedre del. Det rostbruna köttet saknar utpräglad smak och lukt. Svampen är oätlig.

Ullspindelskivlingen växer i mossiga barrskogar och kan vissa år påträffas tämligen allmänt under augusti–oktober.

Anisspindelskivling, ° väldoftande spindelskivling

Cortinarius odorifer

Arten erinrar om kopparspindelskivling men avviker från denna genom sin starka doft. Anisspindelskivlingen har en vackert kopparröd hattfärg men kan ibland få svagt gulgrön ton, i synnerhet mot kanten. Hatten blir 6–12 cm bred, först svagt välvd, sedan utbredd med nedsänkt mitt. Den är något klibbig i väta. Skivorna har länge gulgrön färg men blir sedan grönbruna.

Den klart gulgröna foten har talrika kopparröda trådrester från det hylle som i tidigt stadium förenat hatt och fot. Den blir 6–12 cm hög och får löklikt förtjockad bas.

Köttet är gröngult och saknar utpräglad smak. Att lukta på svampens lameller är som att "sticka näsan" i ett glas pernod. Arten saknar visserligen matvärde, men den starka anisdoften och den vackra färgen kan ge plockaren en nog så angenäm upplevelse.

Anisspindelskivlingen tycks föredra kalkinslag i marken och växer gärna i kanten av våra barr- och blandskogars kärrmarker under augusti–oktober. Den trevliga arten är sällsynt men kan lokalt uppträda ganska rikligt i vårt lands östra delar.

Lilaspindelskivling °

Cortinarius evernius

Hatten är hos denna smakfullt färgade spindelskivling i väta mörkt umbrabrun, i torrt väder ljusare nötbrun eller beige med violett ton. Den är först klocklik, sedan välvd med trubbig puckel, blir 4–8 cm bred och får ofta rynkad hattkant med rester av vitt hylle. Skivorna är violettgrå till blekbruna och karakteristiskt höga och glesa. Foten, som smalnar av nedåt, är 8–15 cm hög, drygt centimetertjock samt mer eller mindre vackert violett med en tydlig vit tvärvattring. Svampen saknar utpräglad smak och lukt och är oätlig. Den pryder ofta mossiga kärrkanter i våra barrskogar under augusti–september och är tämligen allmän i stora delar av landet.

Strumpspindelskivling °

Cortinarius torvus

Hatten är 4–8 cm bred och mer eller mindre välvd. Färgen är gråbrun till violettbrun, ofta melerad i radiära strimmor. De först violettbruna, sedan rostbruna skivorna är ganska glesa. Foten blir 4–7 cm hög och har ofta vidgad bas. Den är överst violett men bekläds f ö av en vitaktig, hudlik strumpa som övergår i en tydlig ringzon. Det ljusa köttet har mild smak. Svampen har en sötaktig, fruktartad doft, men är oätlig. Strumpspindelskivlingen växer tämligen allmänt invid ek och bok i Syd- och Mellansverige under augusti–september.

Glesskivig spindelskivling °

Cortinarius hinnuleus

Hatten är i väta mörkt brungul och i torka ljust gulbrun, ofta skimrande av ett tunt vitt hylleöverdrag och med tiden perforerad av små hål. Formen är mer eller mindre klocklik med markerad puckel och bredden 2–6 cm. Skivorna är påfallande glesa och gulbruna till rostfärgade. Den gulbruna foten blir 4–6 cm hög och bekläds nederst av vita hyllerester som överst bildar en tydlig ringzon. Köttet är gulbrunt med mild smak. Doften är stark med såväl söta som rättikartade komponenter. Den oätliga arten växer tämligen allmänt under ek, bok och asp i september–oktober.

Pelargonspindelskivling °

Cortinarius paleaceus

Denna lilla prydliga art har en klocklik till välvd, 1–3 cm bred hatt med framträdande spetspuckel. Färgen är grå till gråbrun med små vita, finkorniga fjäll och en fin vit hyllebård i hattkanten. Skivorna är täta och grå eller gråbruna. Den smala, 3–6 cm höga foten är prydd med vitflockiga hyllerester som överst bildar en väl avgränsad ringzon. Svampen smakar milt och har en säregen, stark doft av pelargonblad som gnuggats. Arten, som är oätlig, växer allmänt i fuktig mossa, gärna intill kärr, i barr- och blandskog under augusti–oktober.

Koppar-spindelskivling °

Cortinarius cupreorufus (C.oricalceus)

Hatten är rödbrun till kopparröd och har ljusare kant, som hos unga svampar kan ha en olivfärgad ton. Ytan blir klibbig i väta. Bredden är 6–12 cm och formen först kullig, sedan välvd. Skivorna är först gulgröna, sedan grönbruna. Foten är gröngul till grågrön, har kraftigt vidgad bas och en väv av kopparröda hylletrådar upptill. Den blir 6–10 cm hög. Det vita köttet saknar utpräglad lukt och smak och är oätligt.

Arten trivs på kalkgrund och påträffas mindre allmänt i mossig barrskog under september–oktober.

Svavel-spindelskivling †

Cortinarius splendens

Hattens grundfärg är citrongul till gulgrön och ytan blir klibbig i väta. Den får mot mitten bruna, vårtlika eller trådiga fläckar. Bredden är 4–7 cm och formen välvd till utbredd. Skivorna är svavelgula men blir senare bruntonade. Den svavelgula foten har upptill rostbruna, fina hylletrådar. Den blir 6–8 cm hög och vid basen löklikt förtjockad. Köttet är klargult och saknar utpräglad lukt och smak. Den sällsynta arten gynnas av kalk och växer i lövskog eller fuktig blandskog under augusti–september. Troligen dödligt giftig.

Honungs-spindelskivling °

Cortinarius stillatitius
(C. integerrimus)

Hatten är först klocklik, sedan välvd med låg puckel och stundom rynkad kant samt 4–8 cm bred. Den är starkt slemmig i väta och mörkt olivbrun eller gråbrun till ljusare ockrabrun. Skivorna är först gråvita, sedan gråbruna med vit egg. Foten är 6–12 cm hög, 1–2 cm tjock och jämnbred med ibland tillspetsad bas. Den är vitaktig och helt överdragen av ett slemmigt, tjockt, ofta vackert blåviolett velum. Köttet är gråvitt. Lukten är honungslik och smaken mild. Svampen saknar matvärde. Den växer under hösten i barr- och blandskog med främst gran – även med tall och björk – och förekommer tämligen allmänt i hela landet.

Violettfotad spindelskivling °

Cortinarius collinitus

Hatten är först klocklik, sedan välvd till utbredd med låg puckel och 4–9 cm bred. Den är starkt slemmig i väta och orangebrun till brunröd med mörk mitt. Skivorna är först blekbruna med violett skiftning, sedan ockra- till kanelbruna. Foten är 6–12 cm hög, 1–2 cm tjock och vanligen jämnbred. Den är vit med bruntonad bas och överdragen av ett slemmigt, ljusviolett velum, som inte sällan spricker upp i dekorativa tvärband. Köttet är gråvitt till blekbrunt. Lukt och smak är obetydliga – jfr den snarlika honungsspindelskivlingen. Svampen är oätlig. Den växer under hösten i fuktig blåbärsgranskog och förekommer allmänt i hela landet.

Hedspindelskivling °

Cortinarius mucosus

Denna art står mycket nära föregående. Hatten är brungul eller vackert kastanjebrun, synnerligen slemmig i väta och glänsande i torka. Den har välvd form, får svag, trubbig puckel och blir 5–9 cm bred. Skivorna är länge vita till gulvita men blir slutligen kanelbruna av sporerna. Foten är vanligen helt vit, slemmig samt något avsmalnande mot basen. Den blir 6–8 cm hög.

Hedspindelskivlingen är oätlig. Arten växer mindre allmänt i barrskog med tall bland mossa och renlav under september–oktober.

Trapp-spindelskivling °

Cortinarius trivialis

Den 5–10 cm breda hatten är i fuktigt väder brun till brungul och synnerligen slemmig. Den är ljusare i torka och får då glänsande yta. Formen är klocklik till välvd med låg puckel. Skivorna är i början grågula men blir bruna av sporerna. Den 10–15 cm höga foten spricker upp i trapplika, gulbruna kransskal på mörkare rostbrun botten. Överst är foten gulbrun, slät eller svagt längsstrimmig. Köttet är rostbrunt och har föga utpräglad smak och lukt. Svampen är oätlig. Den växer allmänt i blandskog, gärna under asp, i augusti–oktober.

Rödbandad spindelskivling °

Cortinarius armillatus

Rödbandad spindelskivling är i typiska fall säkerligen den lättast igenkännliga av samtliga spindelskivlingsarter. Hatten är rödbrun till brunröd eller hos gamla exemplar nästan brun. Den blir 7–12 cm bred och har först avrundat klocklik, sedan välvd form. Hattytan är torr och fint trådig eller fjällig. Skivorna är som unga bleka men blir med tiden kanelbruna.

Foten blir 8–12 cm hög, har vidgad bas och fint längstrådig yta. Den är betydligt ljusare färgad än hatten och omges av flera vackert cinnoberröda bälten, vilka dock hos äldre svampar kan blekna avsevärt. Köttet är blekbrunt och har mild smak och svag doft.

Rödbandade spindelskivlingen har länge ansetts ätlig men kan inte rekommenderas. Svampen är visserligen lättbestämd, men flera giftiga, tvärbandade arter kan förekomma i samma miljö. Jfr toppig spindelskivling.

Den prydliga arten växer allmänt och rikligt i blandskog i hela landet. Svampen tycks föredra närheten till björk och påträffas under augusti och september.

Gulbandad spindelskivling °

Cortinarius gentilis

Hatten är brungul till brun och kan få ljusare gul kant. Den blir 2–5 cm bred och först spetsigt klocklik, sedan välvd med spetsig puckel. Skivorna har hattens färg och växer glest. Den längstrådiga foten är 6–10 cm hög, mycket smal och något böjd. Den har hattens brungula färg men är prydd med ljust gula tvärband. Det gulbruna köttet har obetydlig lukt och smak. Svampen är oätlig.

Gulbandad spindelskivling är allmän i mossig barrskog och växer gärna gruppvis under augusti–september.

Orangebrun giftspindelskivling ††

Cortinarius orellanus

Hatten är hos denna giftiga raritet orangebrun eller varmt rödbrun och länge matt finfiltad men slutligen nästan kal. Den är välvd till utbredd med låg puckel och blir vanligen 3–7 cm bred. Skivorna, som är påfallande glesa och tjocka, har en mättat orangebrun, senare kanelbrun färg. Foten är 3–8 cm hög och något avsmalnande nedåt. Den är längsfibrig och ofta glänsande guldgul. Smaken är mild och doften föga framträdande. Svampen är dödligt giftig! Arten är mycket sällsynt i vårt land, men växer lokalt i löv- och blandskog från Skåne till Stockholmstrakten.

Toppig giftspindelskivling ††

Cortinarius rubellus (C. speciosissimus)

Denna art, som även kallas *spetstoppig giftspindelskivling*, är tillsammans med vit flugsvamp vår allmännaste och farligaste giftsvamp. Hatten är till färgen varmt kanelbrun eller rödbrun och ytan är matt finluden. Formen är först klocklik med framträdande spetspuckel, men under svampens utveckling blir hatten alltmer välvd, varvid puckeln blir mindre framträdande och inte sällan helt försvinner. Bredden varierar mellan 3 och 8 cm. Skivorna, som vanligen har samma färg som hatten, är tjocka och glesa.

Foten blir 8–12 cm hög, har samma färg som hatten men pryds på nedre halvan av citrongula, ofta diffusa tvärband. Det rödgula köttet har mild smak och föga framträdande doft. Svampen är dödligt giftig! Giftet angriper njurarna på ett lömskt sätt och ger sällan symtom förrän efter några dygn, vilket avsevärt försvårar en verkningsfull medicinsk behandling. Toppig giftspindelskivling växer i mossig, mager barrskog, allmänt i västra Götaland, sparsammare längre norrut, under augusti–september.

Eldspindelskivling °

Cortinarius limonius

Hatten är ofta mättat rödgul till orangebrun i väta, ljusare gulbrun i torka. Den har matt, finluden yta, välvd till utbredd form och blir 3–8 cm bred. Skivorna är först gulaktiga men blir orangebruna. Foten är ljust gulröd med diffus vattring av ljusgula hyllerester. Det gulbruna köttet har obetydlig doft och mild smak. Svampen är oätlig.

Eldspindelskivlingen växer inte sällan i granna bestånd i mossig, fuktig granskog under augusti–oktober.

Lokspindelskivling °

Cortinarius callisteus

Hatten är matt eller finfjällig och vanligen vackert gul men kan bli gulröd mot mitten. Den är länge välvd med svag puckel men blir slutlligen utbredd. De tämligen glesa skivorna är ljust gula, men antar med tiden brun ton. Foten är 4–7 cm hög och 1–2 cm bred med ofta vidgad bas. Köttet är gult och har mild smak. Svampen har en stark, säregen doft som erinrar om stenkolsröken från gamla ånglok. Lokspindelskivlingen är oätlig. Den är rätt sällsynt och påträffas i kalkrika, mossiga barrskogar under september–oktober.

Umbra-spindelskivling °

Cortinarius brunneus

Hatten är mörkt brun till umbrabrun, fint radiärt strimmig och blir 5–10 cm bred. Formen är först välvd, sedan utbredd med en mindre, väl avsatt puckel. Skivorna får samma mörka färg som hatten och är mycket glesa. Foten har hattens färg, är fint längsstrimmig och blir 6–10 cm hög. Den pryds vanligen av en kontrasterande, ljus hyllering. Köttet är brunaktigt med något oangenäm lukt och smak. Svampen är oätlig.

Umbraspindelskivlingen växer rätt allmänt i mossig barr- och blandskog under augusti–oktober.

Tofsspindelskivling °

Cortinarius pholideus

Hatten har nötbrun grundfärg men är tätt beströdd med spetsiga, uppåtriktade mörkbruna fjäll. Den är välvd till utbredd och blir 3–7 cm bred samt har som ung tunna hylletrådar i hattkanten. Skivorna är först brunvioletta men blir efter hand bruna. Den smala foten är 7–10 cm hög och till största delen prydd av mörkbruna fjällkransar på ljusare botten. Det blekt bruna köttet saknar tydlig lukt och smakar milt. Svampen är oätlig.

Tofsspindelskivlingen förekommer tämligen allmänt i blandskog med björk under augusti–september.

Brokspindelskivling °

Cortinarius bolaris

Brokspindelskivlingen är en vacker svamp. Hatten har gulaktig till crèmeskiftande grundfärg och blir 3–5 cm bred. Den är särskilt mot mitten prydd av tilltryckta, cinnoberröda eller vinröda fjäll, som glesar ut mot den ljusa kanten. Hattformen är hos unga exemplar rundad, hos utvecklade hattar välvd med ofta något buktad kant. Skivorna är först gulaktiga men blir småningom närmast kanelbruna av sporerna.

Foten är 5–8 cm hög och bredast vid basen. Den är cinnoberrött trådfjällig på gulvit botten. Köttet har vitaktig färg, rodnar något och saknar framträdande smak och lukt. Den färggranna arten har inget värde som matsvamp.

Brokspindelskivlingen trivs bäst i lite torrare, magra, steniga löv- och blandskogar med ek och björk samt i hedartad bokskog. Den växer enstaka eller i smärre gyttringar under september–oktober och är mindre allmän.

Blodskivig kanelspindelskivling °

Cortinarius semisanguineus

Skivornas färg gör att arten lätt kan identifieras. Hatten är hos blodskivig kanelspindelskivling välvd med svag puckel och blir 3–6 cm bred. Färgen är gulbrun eller olivbrun. De breda, rätt glesa skivorna är lysande blodröda till cinnoberröda men får i slutskedet en brun ton.

Foten är lätt böjd, ganska smal och blir 5–7 cm hög. Den har gulbrun färg men blir ofta något längsstrimmig av mörkare trådar. Det tunna, gulbruna köttet har mild smak och lukt.

Blodskivig kanelspindelskivling är oätlig. Svampen, som är utmärkt till textilfärgning, förekommer tämligen allmänt i barr- och blandskog under augusti–oktober.

Kanelspindelskivlingen ° (*C. cinnamomeus*) är huvudart i den formrika grupp som kallas *Dermocybe*. Hatten har en kanelbrun till olivbrun färg och först saffransgula, sedan kanelbruna skivor. Foten är vackert gul, sedan gulbrun och blir 6–8 cm hög. Svampen är oätlig men så allmän, att ingen vandrare kan undgå att stöta på den i våra barr- och blandskogar under juli–oktober.

Blodspindelskivling °

Cortinarius sanguineus

Arten hör till den färg- och formrika grupp som ofta kallas kanelspindelskivlingar (*Dermocybe*). Hela svampen är blodröd. Hatten är välvd med puckel och blir 2–5 cm bred. Skivorna är mörkt blodröda, höga och tämligen glesa. Svampens mer eller mindre krökta fot har hattens färg och är något längstrådig. Den är spenslig och blir 5–8 cm hög.

Köttet är blodrött och har mild lukt och smak. Blodspindelskivlingen är oätlig. Liksom ett flertal släktingar kan den grant färgade svampen med fördel användas till garn- och textilfärgning. Arten växer i mossig, fuktig barrskog under augusti–oktober och är mindre allmän.

Mjölskivling ***

Clitopilus prunulus

Denna förnämliga matsvamp bör kännas av varje intresserad plockare. Hatten är vit med mer eller mindre inslag av grått och blir 4–10 cm bred. Den är som ung något välvd med inrullad, jämn kant men blir som utvuxen plan till svagt trattlik med oregelbundet vågig kant. De täta, långt nedlöpande skivorna är först vita till ljust skära men blir småningom köttröda.

Foten är påfallande kort och endast 2–5 cm. Den är vit till färgen, tät och ofta något böjd. Det sköra, vita köttet har mjuk konsistens och en karakteristisk, stark doft av nymalet mjöl. Mjölskivlingen eller den gråvita mjölskivlingen hör till våra bättre matsvampar. Den är lika god stekt som stuvad och tål även att torkas.

Arten förekommer allmänt och rikligt på ängar, i hagar eller i gräsrika blandskogar. Den kan eftersökas under perioden juli–oktober. En varning utdelas för förväxling med den giftiga bolmörtsskivlingen, som också har rödaktiga skivor och luktar mjöl. Den har dock tydligt urnupna skivor, medan mjölskivlingen har nedlöpande.

Bolmörtsskivling ††

Entoloma lividum (E. sinuatum)

Arten tillhör kategorien farliga "parksvampar", vars kännetecken noga bör studeras och läras in. Hatten är i allmänhet stor och köttig och blir 7–14 cm bred. Den är först nästan vit eller vitgrå med matt yta. Som utvuxen får den vanligen grågul, blank, ibland nästan fettglänsande hatt. Formen är först kullrig med inböjd kant, sedan välvd med bred puckel och till sist utbredd med ofta något nedsänkt mitt. Hattkanten är alltid mer eller mindre oregelbundet buktad. Skivorna är glesa, breda och djupt urnupna mot foten. De har först blekt grågul färg men blir snart skära till gråröda av sporerna.

Foten är 7–12 cm hög, blekvit och kraftig med vanligen krökt bas. Det kompakta köttet är vitt och har mild smak. Svampen luktar länge mjöl men till sist snarare härsken olja eller bolmört.

Bolmörtsskivlingen är av hävd ansedd som mycket giftig. Den är kalkgynnad och växer i parker, lövängar och mullrika lövskogar under augusti–oktober. Arten förekommer mindre allmänt i Syd- och Mellansverige men kan lokalt, t ex i vissa parker, uppträda rikligt år från år.

Förväxlingssvampar är bl a pudrad trattskivling, mjölskivling och silkesmusseron.

Sidenrödskivling °
Entoloma sericeum

Den 3–6 cm breda hatten är glatt och i fuktigt väder sotbrun till hjortbrun med strimmig kant. Den har i torka blekare gulgrå ton och får då sidenglans. Formen är välvd till utbredd, ofta med en liten puckel i mitten. De oliklånga, breda skivorna får i början gråskär ton men blir efter hand gråröda eller brunaktigt köttfärgade. Den smala foten är 3–6 cm hög, något längsstrimmig samt gråbrun till färgen. Svampen har en tydlig lukt och smak av mjöl men är oätlig.

Sidenrödskivlingen växer allmänt i gräsmarker under juni–oktober.

Slätvitriska (*)
Lactarius piperatus

Denna art, som kallas "lilla vita kon", är matt kalkvit och slät. Med tiden kan den få något uppsprucken hatthud och gultonad färg. Hatten är först välvd men blir snart trattlik och 7–15 cm bred. De långt nedlöpande skivorna sitter mycket tätt och kan få gula eller grå fläckar. Foten är hård, något tappformig och blir 8–10 cm hög. Det vita köttet avsöndrar rikligt med vit mjölksaft och har brännande skarp smak. Efter avkokning blir dock svampen användbar.

Arten växer tämligen allmänt i lövskog under augusti–september.

Luden vitriska °

Lactarius vellereus

Den ludna vitriskan blir mycket storvuxen och är lätt att få syn på. Hela svampen har matt vit färg. Hatten får hos unga exemplar inrullad, hårig kant men blir som utvuxen trattformad med finluden yta, vilket kan kännas som nyberett skinn. Bredden uppgår till mellan 10 och 30 cm. De tjocka skivorna sitter ganska glest och löper ned på foten. De är i början vita till färgen men får så småningom en gul ton samt blir brunfläckade. Den sammetsludna foten, som är kompakt och kraftig, blir 4–7 cm hög.

Svampen avsöndrar rikligt med vit, tjock, i isolerat tillstånd mild mjölksaft, vilket gett den namnet "stora vita kon". Köttet är vitt och fast och har en bedövande skarp smak. Lukten är föga angenäm. Svampen måste betraktas som oätlig, trots att åtskilliga försök har gjorts att få den mild i smaken.

Luden vitriska förekommer framför allt i våra sydliga löv- och blandskogar. Den visar sig rätt allmänt, gärna ett flertal tillsammans, under augusti–september. I sen tid har en närstående art, **ettervitriska** ° (*L. bertillonii*), urskilts. Den senare har skarp isolerad mjölksaft och är tämligen allmän i Syd- och Mellansverige.

Alabasterriska °
Lactarius resimus

Som ung är hatten vit och finluden och har hårig, inrullad kant. Fullt utvuxen blir den trattlik med nedåtböjd kant och får fettglänsande, alabastervit yta. Bredden mäter 8–15 cm i diameter. Skivorna är vita och nedlöpande. De får vitgul ton och, liksom svampen i övrigt, gulbruna fläckar vid beröring. Den 5–6 cm höga foten är vit och ihålig. Köttet doftar frukt, har skarp smak och avsöndrar vit mjölksaft, som blir gul i luften.

Alabasterriskan är oätlig. Den växer mindre allmänt i mossig löv- och blandskog med björk under september–oktober.

Bokriska °
Lactarius blennius

Denna art kallas även *grönriska*. Hatten är grågrön till olivgrön och klibbig i väta. Den blir 4–8 cm bred och får runda, mörka droppfläckar i kanten samt svag zonering. De täta, ljusa skivorna får vid tumning gråaktiga fläckar. Foten har ljusare grön ton och blir 3–5 cm hög. Det fasta, bleka köttet smakar skarpt och avger en vit mjölksaft, som med tiden grånar något.

Bokriskan är oätlig. Den växer rikligt i våra bokskogar under augusti–oktober.

Svavelriska (*)

Lactarius scrobiculatus

Hatten är mer eller mindre svavelgul, blir i väta klibbig samt 10–20 cm bred. Den unga hatten har starkt inrullad, korthårigt luden kant, medan utvecklade exemplar blir trattlika med slät, ibland svagt zonerad yta. Skivorna har ljusgul ton. Den gula, ihåliga foten blir 5–8 cm hög och jämntock. Den har täta, groplika fördjupningar. Det fasta köttet smakar skarpt och avger en vit mjölksaft, som blir gul vid lufttillträde. Svavelriskan är ätlig efter avkokning. Den förekommer tämligen allmänt i kalkrik, fuktig barrskog under augusti–oktober.

Gulriska *

Lactarius repraesentaneus

Gulriskan – en dubbelgångare till svavelriskan – bestäms säkrast på mjölksaftens färg. Den 5–15 cm breda hatten är svavelgul, i väta slemmig. Den blir trattlik men har länge inrullad, "skäggig" kant. Skivorna är gulaktiga. Foten är förhållandevis hög, 8–12 cm. Den har gul färg och gropig yta. Det ljusgula köttet smakar och luktar milt och avsöndrar en vit mjölksaft, som i luften blir violett. Gulriskan är ätlig utan förvällning och kan lämpligen stekas eller saltas in. Den förekommer allmänt i kalkfattig blandskog under augusti–september.

Lakritsriska °

Lactarius helvus

Arten bestäms säkrast på den framträdande doften. Lakritsriskans hatt är ljusbrun, gulbrun eller grågul till färgen, med matt, fint sammetsluden yta. Formen är hos unga exemplar svagt välvd eller plan med inrullad kant, medan utvuxna hattar blir grunt trattlika. Bredden varierar mellan 7 och 15 cm. I alla stadier kan hatten ha en liten, mer eller mindre tydlig puckel. De täta skivorna är först blekt gula men får med tiden hattens färg och kan bli fint pudrade av gula sporer.

Foten har hattens färg, mäter 7–12 cm i höjd och är ihålig. Köttet har samma färg som svampen i övrigt och avsöndrar en vattenklar saft. Svampen doftar, i synnerhet under torkning, starkt som kryddan curry.

Lakritsriskan kan möjligen ätas efter avkokning. Den har dock i oförvällt tillstånd en laxerande effekt, vilket gör att man säkrast bör avråda från användning.

Arten växer allmänt och rikligt under augusti–oktober såväl i hällmarkernas renlavstäcke som bland björn- och vitmossa invid fuktiga skogskärr.

Skogsriska (**)

Lactarius trivialis

Arten skiljer sig från den snarlika buktriskan främst genom sin höga, ihåliga fot. Skogsriskan har i torka en glänsande gråblå eller violettgrå hatt. Den är slemmig i väta samt mer eller mindre zonerad och har ofta mörka, avlånga teckningar vid hattkanten (bilden). Äldre hattar får grågul ton utan zoner. Formen blir svagt trattlik med länge inrullad kant och bredden 7–15 cm. Skivorna är ljusa, medeltäta och nedlöpande.

Den bräckliga foten, som har ljusare färg än hatten, mäter mellan 10 och 18 cm i höjd. Den är ihålig och jämntjock med en ojämn, liksom bucklig yta. Det ljusa köttet luktar milt men har skarp smak. Den rikliga, vita mjölksaften grånar vid intorkning på skivorna.

Skogsriskan är efter avkokning en god matsvamp, som används särskilt mycket i bl a Finland. Den är utmärkt för insaltning eller stekning och får fin kryddsmak när skärpan mildrats. Arten lär även kunna grillas över eld.

Skogsriskan påträffas i fuktiga delar av barr- och blandskogar, gärna i mossrika kärrkanter. Arten växer även med dvärgbjörk i fjälltrakterna. Den är allmän och växer under augusti–september.

Buktriska (*)
Lactarius flexuosus

Hatten är brungrå till violettgrå, enfärgad eller med mörkare zonering. Den får oregelbundet buktad kant och blir 6–12 cm bred. Formen är först något välvd men blir utbredd till svagt skållik. De glesa skivorna har ljust gulbrun färg. Foten blir 4–5 cm hög. Den har gråbrun eller gråblå färg, är ofta något tapplik och inuti tät. Köttet, som är ljust och har vit mjölksaft, smakar mycket skarpt.

Buktriskan är ätlig efter avkokning men kan knappast rekommenderas. Den växer tämligen allmänt under augusti–september i blandskog, gärna längs stigar.

Fjällriska °
Lactarius spinosulus

Hatten är ljust lilaröd till lila och blir 3–5 cm bred och tunnköttig. Den har fint spärrfjällig yta, ofta med en liten mittställd spetsvårta, och saknar zoner. Formen är utbredd med nedtryckt mitt. Skivorna har en skär till gulröd ton och blir efter hand vitpudrade. Foten, som får hattens färg, är smal och skör; den blir 4–6 cm hög. Det bräckliga köttet avger en vit mjölksaft och smakar skarpt. Svampen är oätlig.

Fjällriskan är en prydlig art, som växer mindre allmänt nära björk i parker och lövskogar under augusti–oktober.

Granriska °

Lactarius zonarioides

Granriskans hatt är ofta vackert mönstrad av tunna, täta zoner i mörkare och ljusare orange. Den har klibbig yta, fint luden kant som ung och blir utbredd eller grunt trattlik samt 5–10 cm bred. Skivorna är först vita, sedan ockragula. Foten blir 3–7 cm hög, 1–2 cm tjock och vitgul till gulröd. Doften är svag, men den vita mjölksaften är brännande skarp. Denna grånar långsamt vid intorkning, liksom svampen i övrigt vid tryck eller tumning. Svampen växer i kalkrik granskog, vanligast norrut, under augusti–september.

Tallriska °

Lactarius musteus

Hatten blir 4–8 cm bred och är till färgen vitgul till ockragul med inslag av blekbrunt eller rosa. Formen är utbredd med fördjupad mitt och länge inrullad kant. Hatthuden är klibbig i väta. Skivorna är gulvita med rosa ton. Foten blir 3–7 cm hög och ca 2 cm tjock. Den är ljus som hatten och har inte sällan mörkare fläckar eller gropar. Köttet är kraftigt och avsöndrar rikligt med vit mjölksaft, som grånar vid intorkning. Smaken är mild eller något skarp. Svampen saknar matvärde.

Tallriskan växer som namnet antyder invid tall och påträffas mindre allmänt under augusti–september.

Lilariska °

Lactarius uvidus

Hatten är ozonerat gråblek, ljust gråbrun till gråviolett med ofta vit kant. Den är 3–7 cm bred, kal och blir påtagligt slemmig i väta samt klibbig i torka. Formen är närmast utbredd, ibland något trattlik. Den 4–7 cm höga foten är gulvit och ganska skör. Skivorna är vita och något nedlöpande. De blir, liksom svampen i övrigt, intensivt lilafärgade vid tryck eller tumning. Den vita, milda mjölksaften blir likaledes snart lila vid lufttillträde. Lilariskan, som saknar matvärde, växer tämligen allmänt i löv- och blandskog under augusti–september.

Hasselriska, ° skarpriska

Lactarius pyrogalus

Hatten är olivgul till gulgrå eller gråbrun med ibland diffus zonering. Den är 5–10 cm bred, har utbredd form och matt yta. Skivorna är påfallande glesa och kontrasterande ockra- eller orangegula. Foten är ofta kort och tappformig samt ljusare än hatten. Den vita mjölksaften är brännande skarp. Hasselriskan är oätlig. Som namnet antyder växer svampen uteslutande intill hassel, där den inte sällan uppträder i rika bestånd under juli–oktober.

Granblodriska ***

Lactarius deterrimus

Blodriskan förekommer hos oss i några olika arter. Den mest kända av dessa, granblodriskan, har oftast vackert orangeröd hatt med mer eller mindre tydlig zonering i mörkare rött. Ytan är klibbig i väta. Svampen "ärgar" med tiden, dvs får gröna zoner eller fläckar, vilket är särskilt påtagligt efter en frostknäpp. Hatten blir 7–12 cm bred. Den är först något rundad till formen med inböjd kant men får senare skållik mitt med välvd, nedåtböjd kant. Vissa exemplar kan bli rent trattlika. Skivorna har hattens färg, sitter ganska tätt och är nedlöpande. Den 5–8 cm höga foten är färgad som hatten och blir ihålig.

Det gråvita, mot ytan gulröda köttet har spröd konsistens och pepparstark smak, som mildras vid vanlig tillagning. Hela svampen avsöndrar rikligt med morotsröd saft, som småningom blir vinröd. Granblodriskan är en läcker matsvamp, som stekt eller stuvad ger en fin kryddsmak. Stora mängder kan dock ofarligt färga urinen röd.

Arten bör, som namnet antyder, eftersökas i granskog, helst i fuktiga stråk, där den kan uppträda rikligt. Den växer även nära stigar eller i mossiga skogsgläntor under augusti–oktober.

Tallblodriska ***

Lactarius deliciosus

Denna kraftiga blodriska påträffas enbart under tall. Hatten är färgad i ljust tegel- eller orangerött och blir klibbig i väta. Den har koncentriska, mörkare zoner och är mot hattkanten särskilt som ung beströdd med avlånga, streckliknande "gropar". Den fasta, köttiga hatten kan nå en bredd av drygt 20 cm men blir vanligen hälften så stor. Unga exemplar har rundad hattform med inrullad kant. De blekt orangefärgade skivorna sitter tätt och är nedlöpande.

Foten är kort, 5–7 cm hög, samt hård och kraftig. Den har hattens färg och får väl avsatta, mörkare gropar. Köttet är ljusrött och avger rikligt med morotsröd saft, som först långt senare blir mörkare röd. Även tallblodriskan kan "ärga" och får i synnerhet efter frost gröna fläckar. Lukten är svag och smaken angenämt kryddartad.

Tallblodriskan är läcker. Arten kan förekomma rikligt på kalkrika tallmoar men är mindre allmän annorstädes. Den fina svampen är sällan angripen av larver och kan eftersökas från augusti till oktober.

Vinriska ***

Lactarius sanguifluus

Arten, som också kallas *mörk* eller *stor blodriska*, bestäms säkrast på saftens färg. Hatten är först färgad i en mörkt vinröd ton men bleknar mycket snart och får ojämnt fördelade partier av ljust och mörkt grågrönt. Den har svaga, koncentriska zoner och blir 10–18 cm bred. Yngre exemplar får avrundad hattform med inrullad kant. Äldre hattar blir välvda och får nedsänkt, skålformad mitt. Skivorna har köttröd ton men blir småningom grönfläckiga.

Den först köttröda, sedan blekt rödtonade foten får efter hand färglösa fläckar och blir 4–7 cm hög. Köttet är fast med mild lukt och kryddartad smak. Vid snitt eller brytning avsöndrar svampen en ögonblickligen mörkt rödvinsröd saft.

Vinriskan är en läcker matsvamp, helt i klass med de övriga blodriskorna. Arten är dock kräsen vid val av växtmiljö och förekommer nästan uteslutande på kalkmark. Den är sällsynt och kan påträffas i ängs- och hagmark nära tall och en, i första hand på Gotland, under augusti–oktober.

Skäggriska (**)

Lactarius torminosus

Skäggriskan erinrar vid hastigt påseende om en blodriska men har hårig hattkant. Hatten är hos unga exemplar vackert zonerad i ljusare skära och mörkare köttröda, koncentriska ringar. Äldre, utvuxna hattar får blekare färg och kan helt sakna zoner. Den har ludet hårig eller trådig yta, och kanten är i alla stadier tätt, grovhårigt "skäggig". Hatten är först välvd med starkt inrullad kant men blir efter hand trattformig med nedböjd kant. Den blir 6–14 cm bred. De täta, nedlöpande skivorna är först ljust skära men får något gul ton.

Foten är blekröd och slät, i början tät men efter hand ihålig samt 4–9 cm hög. Det vita, spröda köttet avsöndrar en vit mjölksaft med brännande pepparstark smak. Svampen är ätlig och god efter avkokning och mycket användbar särskilt till insaltning.

Skäggriskan är en av våra allmännaste storsvampar och förekommer rikligt i blandskog och hagmark, där den är bunden till björk. Växttiden är juli–oktober.

Blek skäggriska (**)

Lactarius pubescens

Den bleka arten liknar mycket en vanlig skäggriska utan zoner. Blek skäggriska har ljust skär till nästan vit hattfärg och blir 4–8 cm bred. Den saknar all antydan till zonering. Unga hattar har kullig form och inrullad kant. Som utvuxen blir hatten mera välvd, får nedsänkt mitt och inböjd kant. Den har trådig eller hårig yta, och kanten är i alla utvecklingsstadier mer eller mindre "skäggig". De blekt skära till vitaktiga skivorna löper ned på foten och sitter tätt.

Foten blir smalare och kortare än hos vanlig skäggriska och är sällan mer än 3–5 cm hög. Den har hattens bleka färg, är först tät men blir slutligen ihålig. Det bleka köttet avsöndrar rikligt med vit mjölksaft och har brännande skarp smak.

Blek skäggriska är god efter avkokning och utmärkt för insaltning. Arten förekommer tämligen allmänt i parker, blandskogar och hagmarker – särskilt i kalkområden. Liksom den vanliga skäggriskan tyr sig den bleka till björk och växer i grupper under augusti–september.

Mandelriska ***

Lactarius volemus

Arten är näst blodriskorna vår mest välsmakande riska. Mandelriskans hatt har en varmt gyllenbrun till rödgul färg och blir 7–17 cm bred och köttig. Ytan ger ett torrt och matt intryck. Hattformen är först avrundad med inböjd kant men blir sedan vackert välvd med nedtryckt mitt och ofta mjukt buktad kant. Enstaka exemplar kan utvecklas nästan trattformigt. Skivorna sitter tätt och löper ned på foten. De är blekt gula men får småningom bruna fläckar.

Foten, som har hattens färg, blir 6–12 cm hög och 2–3 cm tjock. Den är synnerligen hårdköttig och tät. Svampens fasta, sällan larvangripna kött har gulvit ton men brunfärgas vid lufttillträde. Det har ymnig, vit mjölksaft och en stark doft som erinrar om sillake. Smaken är mild, och mandelriskan måste betraktas som en läcker matsvamp. Den lämpar sig särskilt väl för stekning och får en fin smak av hummer eller krabba.

Den granna arten påträffas såväl i mossig barr- och blandskog som i mullrik lövskog under ek och hassel men är inte allmän. Växtperioden är augusti–september.

Pepparriska (*)

Lactarius rufus

Pepparriskans hatt är mättat rödbrun och blir 4–10 cm bred. Den släta hattytan glänser i solljus och saknar helt zonering. Formen är först svagt välvd med inrullad kant, sedan utbredd och till sist trattlik. I alla stadier framträder en vårtlik konisk spetspuckel mitt på hatten. De unga skivorna är gulvita till ockragula men antar med tiden en rödbrun ton.

Foten har hattens rödbruna färg, blir 6–8 cm hög och ungefär centimetertjock. Den får något vitluddig bas. Det ljusa köttet avsöndrar rikligt med vit mjölksaft. Det har svag lukt och, vilket namnet antyder, bedövande pepparstark smak.

Arten kan trots smakskärpan användas efter omsorgsfull avkokning och är inlagd som pickles riktigt god. Den plockas mycket i Östeuropa.

Pepparriskan hör till våra vanligaste skivlingar och utgör huvudinslaget i hällmarkernas och tallmossarnas svampflora men växer även med fjällbjörk och dvärgbjörk i fjällområdena. Den bildar inte sällan glesa grupper bland renlav eller mossa och påträffas från augusti till oktober.

Brandriska (*)
Lactarius mitissimus

Brandriskans hatt är brandgul till orangefärgad och något glänsande i torrt väder. Den blir 3–6 cm bred, nästan cirkelrund och får ibland en liten mittställd puckel. Skivorna har blekare ton än hatten och sitter ganska tätt. Den smala foten blir 3–5 cm hög och har hattens färg. Köttet är gulaktigt och sprött och avsöndrar rikligt med vit mjölksaft. Smaken är först mild men kan stundom efter hand bli något kärv.

Brandriskan är ätlig efter avkokning. Under augusti–oktober växer arten allmänt i löv- och barrskog.

Glansriska °
Lactarius badiosanguineus

Arten erinrar till utseendet om brandriskan men är mörkare färgad. Hatten är svartröd mot mitten och ljusare rödbrun till rödgul mot kanten. Den är något glänsande i torka och blir 3–6 cm bred. Formen är utbredd till svagt trattlik med ibland låg puckel. Skivorna är gulaktiga. Den rödgula till rödbruna foten blir 4–6 cm hög. Köttet avsöndrar en vit mjölksaft, som smakar nästan milt.

Glansriskan eller svartröda riskan saknar matvärde. Den växer mindre allmänt – i synnerhet norrut – i kalkrika barrskogar med gran under augusti–september.

Gråriska °
Lactarius vietus

Hatten är grå med svagt violett skiftning och 4–8 cm bred. Den är först något utbredd med inböjd kant men blir sedan mer eller mindre trattformad. De täta, tunna skivorna har blekgrå, efter hand gulgrå ton och är lätt nedlöpande. Den 4–8 cm höga foten är gråblek samt ihålig, smal och skör. Köttet är tunt och bräckligt och avger en vit mjölksaft, som grånar i luften. Svampen luktar milt men smakar något skarpt.

Gråriskan är oätlig. Den växer allmänt och rikligt med björk i blandskog under augusti–oktober.

Ekriska °
Lactarius quietus

Hatten är ljust kanelbrun eller brunröd med grå skiftning och kan mot kanten få otydliga zoner. Den är välvd med nedtryckt mitt och blir 4–8 cm bred. Skivorna har först vitgrå, sedan rödbrun ton och är något nedlöpande. Foten har hattens färg men kan bli mörkare nedtill. Den mäter 4–7 cm i höjd. Köttet har skarp smak och avger en gräddvit saft. Lukten erinrar något om stinkfly.

Ekriskan är oätlig. Svampen växer allmänt i parker och lövskogar invid ek under augusti–september.

Kokosriska, ° doftriska

Lactarius glyciosmus

Hatten är grå men skiftar i svagt violett eller brunt. Ytan är matt finluden och formen utbredd med nedsänkt mitt, ofta med en liten vårtlik puckel. Hatten blir sällan bredare än 5 cm. De tättsittande skivorna är gräddgula till ockragula och svagt nedlöpande. Foten är smal, bräcklig och ljusare färgad än hatten. Den blir 3–6 cm hög. Det sköra köttet avger en vit mjölksaft och smakar efter hand skarpt. Svampen har en stark, angenäm doft av kokos. Oätlig.

Kokosriskan är inte ovanlig i björkrik blandskog under augusti–september.

Mörk kokosriska, ° mörk doftriska

Lactarius fuscus

Hatten är mörkare än hos vanlig doftriska och har svartbrun till gråbrun färg med violett skiftning. Den blir 4–8 cm bred och har välvd till utbredd form med tydligt avsatt, vårtlik puckel och inböjd kant. Skivorna är vackert ockra- till orangegula. Foten blir 3–5 cm hög, har hattens färg och känns ganska fast. Köttet har vit mjölksaft och smakar skarpt. Doften är angenäm och erinrar om kokos. Svampen är oätlig.

Mörk kokosriska förekommer tämligen allmänt i mossig barrskog eller på lavrik hällmark under september och oktober.

Curryriska °

Lactarius camphoratus

Kamferriska är ett annat namn på denna art.

Hatten är mörkt rödbrun och har en torr, matt yta. Den är vanligen mörkare brun mot mitten och får något blekare ton mot kanten, som kan vara tydligt strimmig eller fårad. Hattbredden mäter 3–6 cm. Formen blir svagt trattlik med en mittställd, vårtliknande spetspuckel samt ofta nedböjd kant. De något nedlöpande skivorna är i början blekt kanelbruna men får med tiden hattens färg.

Foten blir 3–6 cm hög. Den har samma färg som den mörka hattmitten men får svartbrun till lilabrun bas. Det tunna köttet avsöndrar en vattnig, vitaktig mjölksaft. Smaken är först mild, sedan skarp. Svampen har en tydlig doft av kryddan curry. Den är oätlig.

Curryriskan förekommer allmänt och rikligt på fuktig, mager mark i främst barr- och blandskog och påträffas under tiden augusti–oktober.

Svartriska (*)

Lactarius necator

Hos svartriskan har den unga hatten en matt olivgul till gröngul färg. Hos utvecklade exemplar är färgen mera grönbrun för att i slutskedet bli nästan svart. Formen är länge välvd med inböjd, luden kant och nedtryckt mitt men blir till sist utbredd eller svagt trattlik. Hattbredden mäter 10–20 cm. Skivorna är blekgula men får efter tryck gråbruna fläckar. De är täta, tunna samt svagt nedlöpande och kan få mörkare egg.

Foten har ljusare ton än hatten, är ibland småfläckig och blir 3–5 cm hög samt tappformig. Det vitgrå köttet har fast konsistens och avger rikligt med vit mjölksaft som blir olivgrön vid intorkning. Lukten är svag, men smaken skarp. Svartriskan kan ätas efter avkokning och stekning och är användbar för insaltning.

Svampen växer allmänt i våra blandskogar i närheten av björk och gran under augusti–oktober.

Rökriska °

Lactarius fuliginosus

Hatten är gråbrunt eller sotbrunt sammetsmatt och ger ett nedrökt intryck. Den bli välvd till utbredd med nedsänkt mitt och 5–10 cm bred. De nedlöpande skivorna är först gräddgula men får sedan ockragul ton. Foten är vanligen ljusare än hatten men kan även vara grått till gråbrunt "nedrökt". Den blir 6–10 cm hög och något avsmalnande mot basen. Det vita köttet antar vid brytning rödgul färg och har något skarp smak. Mjölksaften är vit. Den oätliga arten är mindre allmän i bland- och lövskog under augusti–september.

Sotriska °

Lactarius lignyotus

Hatten är sotsvart sammetsluden, blir 3–6 cm bred och fint radiärt rynkad. Den är välvd till plan med ibland låg puckel. De täta skivorna är först snövita, sedan vitgula. Foten har hattens sotsvarta sammetsyta. Den blir 7–12 cm hög, smal och "hopsnört" rynkad närmast hatten. Köttet och den milda, vita mjölksaften rodnar långsamt vid lufttillträde. Svampen saknar matvärde.

Denna skönhet växer i september och är en av de många arter som tyvärr blir allt sällsyntare i takt med avverkningen av gamla, mossiga barrskogar med gran.

Trattkremla *

Russula delica

Trattkremlans hatt är stor och matt vit. Den är först välvd med nedtryckt mitt och inböjd kant men blir sedan trattformad och 8–15 cm bred. De nedlöpande skivorna har vit färg med ibland skiftning i ljust grönblått. Foten är vit och kraftig, 4–6 cm hög och nedåt avsmalnande. Det hårda men spröda köttet är något skarpt i smaken.

Trattkremlan är ätlig. Den kommer upp ur markytan helt färdigbildad och har vanligen hatten täckt av förnadelar. Arten är allmän i löv- och blandskog under augusti–september.

Svedkremla (*)

Russula adusta

Hatten är först vitgrå men blir snart brungul till brungrå (svartkremlorna saknar det bruna). Formen är välvd till utbredd med nedsänkt mitt. Skivorna är först vita, småningom grånande till svartnande. De sitter tätt och avger vita sporer. Den ljusa foten grånar efter hand och blir 4–7 cm hög. Köttet grånar utan framträdande rodnad och smakar milt utom i skivorna, som är något skarpa. Arten luktar som gamla vinfat eller jordkällare. Svedkremlan är ätlig efter avkokning. Den växer tämligen allmänt i barr- och blandskogar under augusti–september.

Svartkremla (*)

Russula nigricans

Denna art bestäms säkrast på sina glesa skivor. Svartkremlan har först gråvit till sotgrå hatt, som slutligen blir svart. Den är 7–15 cm bred och får välvd eller utbredd form med nedsänkt mitt. Skivorna är påfallande glesa och tjocka samt av starkt varierande längd. De har i början gulvit ton men rodnar och blir med tiden svarta och avger vita sporer.

Foten är som ung vitgrå men mörknar liksom svampen i övrigt. Den är kraftig, har fast konsistens och blir 4–6 cm hög. Vid tumning rodnar foten för att därefter gråna. Det fasta köttet är i ungt tillstånd vitaktigt men rodnar vid snitt eller brytning samt grånar och svartnar småningom. Svartkremlan har mild smak och lukt. Den är ätlig efter avkokning.

Svampen växer allmänt i löv- och blandskog under juli–oktober, men "mumifierade" kolsvarta exemplar av arten kan påträffas under hela året.

Gråsvart kremla (*) (*R. albonigra*) är en snarlik art med täta skivor. Den grånar och svartnar utan rodnande stadium. Svampen är ätlig efter avkokning och förekommer mindre allmänt i blandskog under augusti–oktober.

Nässelkremla (†)
Russula consobrina

Arten kallas även *brännkremla*. Hatten har brun till gråbrun färg och i väta klibbig, i torka något glänsande yta. Den blir 6–9 cm bred, först klocklik, sedan välvd. De oliklånga, täta skivorna stöter i gråvitt och avger gräddfärgade sporer. Foten är vit till gråvit, 7–9 cm hög och inuti fylld av en porösare, märgliknande vävnad. Svampen grånar vid tryck och har en brännande skarp smak. Den är oätlig. Nässelkremlan är inte ovanlig i äldre mossig barr- och blandskog eller fjällbjörkskog under augusti–september.

Mjölfotskremla °
Russula farinipes

Svampen erinrar något om en liten stinkkremla. Hatten går i halmgult till gulbrunt och blir 4–8 cm bred. Den tunna kanten är kamlikt strimmig eller fårad och kan hos äldre exemplar bli mörkare brun samt uppvikt. Skivorna är gulaktiga och avger vita sporer. Foten blir 3–6 cm hög. Den är vitmjölig på ockragul grund. Inuti är foten kamrat uppsprucken. Lukten erinrar om färskt snus och smaken är skarp. Mjölfotskremlan eller gula kamkremlan är oätlig. Den växer invid ek och bok under augusti–september men är ganska ovanlig.

Stinkkremla (†)

Russula foetens

Stinkkremlan har orent gulbrun till brunaktig hatt, som blir slemmig i väta. Den blir 8–16 cm bred. Formen är till en början halvklotlik med djupt inrullad kant, och svampen kan då vara förvillande lik en ung karljohan. Fullt utvuxen blir hatten oregelbundet välvd med knottrigt fårad, ofta uppsprucken kant. De först vitgula, sedan brunfläckiga skivorna sitter tämligen glest och kan i väta avsöndra klara vätskedroppar.

Foten är gulaktig men får efter hand brunaktiga sprickor eller gropar. Den blir 7–10 cm hög, är kraftigt byggd och inuti kamrat uppsprucken. Köttet har en brungul ton och smakar brännande skarpt. Lukten är motbjudande sötaktig. Svampen är oätlig.

Stinkkremlan förekommer synnerlligen allmänt i blandskogar, hagmarker eller parker och kan lokalt utgöra ett dominerande inslag i svampfloran. Den storvuxna men föga tilltalande arten växer från juli in i oktober månad.

Den närstående, snarlika **bittermandelkremlan** (*R. laurocerasi*) är en sällsynt lövskogsart som doftar starkt av bittermandel.

Gallkremla (†)

Russula fellea

Gallkremlans hatt är färgad i matt ockragult eller blekare halmgult, mörkast mot mitten, något ljusare mot kanten. Den blir 4–8 cm bred och har som ung avrundad form med inböjd kant. Utvecklade hattar blir välvda och tydligt strimmiga i kanten. De smala, täta skivorna, som har gul färg men avger vita sporer, kan i väta bli något tårstänkta.

Foten, som är mer eller mindre gultonad, har vanligen en ljusare nyans än hatten. Den har fast konsistens och blir 3–5 cm hög. Det fasta köttet är länge vitt men får så småningom en gul ton. Det har en brännande skarp smak. Svampen doftar sötaktigt, något erinrande om honung eller senap.

Gallkremlan är oätlig eller möjligen svagt giftig. Arten förekommer allmänt och rikligt i våra bokskogar. Den kan även påträffas i parker och lövskogar med inslag av bok, där den dock är betydligt sällsyntare. Växttiden är augusti–oktober.

Gulkremla, **
mild gulkremla

Russula claroflava

Arten utmärker sig främst genom den klara färgen. Hatten är hos mild gulkremla grant solgul till smörgul. Den blir slemmig i väta men är annars torr och matt och får som äldre en gråskiftande, urblekt färgton och strimmig kant. Bredden är 6–12 cm, formen mer eller mindre välvd. De först vita skivorna får småningom gräddgul färg och avger likaledes gräddgula sporer.

Foten blir 6–8 cm hög och 1–2 cm tjock. Den är vit till färgen men grånar, liksom hela svampen, fläckvis eller nästan helt. Köttet är vitt och har mild doft och en angenäm, nötliknande smak.

Gulkremlan är en god matsvamp, stekt eller stuvad, och unga exemplar kan med fördel ätas som råkost. Den vackra svampen förekommer tämligen allmänt under augusti–september på fuktiga ställen. Växtplatsen kan vara en kärrkant bland björn- eller vitmossa och nästan alltid i närheten av björk – på kalfjället med dvärgbjörk.

Senapskremla, °
skarp gulkremla

Russula ochroleuca

Arten erinrar i form och storlek om gulkremlan men skiljer sig främst genom smaken. Hatten är ockragul till kromgul, inte sällan något urbleknande, och blir 5–10 cm bred. Formen är först välvd men blir senare utbredd med något fördjupad mitt. Skivorna är vita till vitgula och bredast mot hattkanten.

Foten, som blir 4–8 cm hög, är först vit, men grånar med tiden. Det vita köttet, som också får grå ton, smakar skarpt, och arten är oätlig. Senapskremlan växer i fuktiga barr- och lövskogar med gran och bok under augusti–september och kan på lämpliga lokaler uppträda i rikliga bestånd.

Äggkremla *

Russula lutea

Namnet äggkremla avser en artgrupp små kremlor med äggula sporer. Hatten är oftast kromgul till äggul men kan även bli rödgul till rosa. Den är tunn och mjuk, först svagt välvd, sedan utbredd med buktad kant och blir 3–6 cm bred. De höga, tunna skivorna sitter tätt och får äggul färg. Foten är tunn och bräcklig och 3–6 cm hög. Det vita, mjuka köttet luktar och smakar milt.

Äggkremlan är en god matsvamp. Den uppträder allmänt och rikligt i löv- och blandskog samt hagmark under juli–september.

Grönkremla **

Russula aeruginea

Grönkremlan har som namnet anger grön hatt. Färgen kan dock skifta i grågrönt eller blågrönt och i sent utvecklingsstadium bli gråblek. Hatthuden blir glänsande i torrt väder och klibbig i väta. Formen är länge välvd men blir småningom utbredd med nedtryckt mitt och fårad, nedböjd kant. Bredden mäter 6–10 cm. De medeltäta skivorna, som är bredast mot hattkanten, är först bleka, sedan gräddgula. De får ofta bruna fläckar och avger gräddgula sporer.

Den vita foten har hård och tät konsistens och kan liksom skivorna bli brunfläckig. Höjden är 4–6 cm. Det vita, fasta köttet har mild lukt men smakar något skarpt. Skärpan försvinner dock vid tillagningen, och grönkremlan måste betraktas som en god matsvamp. Den är särskilt lämpad att blandas med smakstarkare arter.

Svampen är allmän och växer rikligt i hagar, löv- och blandskogar. Den förekommer oftast invid björk men även nära gran under juli–september.

Rutkremla **

Russula virescens

Denna kraftiga kremla har en 6–15 cm bred hatt med länge välvd form. Färgen är grön, mest i ljusa toner, med inte sällan insprängda fält av ockragult och vitt. Hatthuden, som är grovt kornig, spricker i synnerhet mot kanten upp i ett för arten karakteristiskt rutformigt mönster. Skivorna är vita och täta. Foten blir 3–7 cm hög och 2–4 cm tjock. Det fasta vita köttet har mild doft och smak, varför rutkremlan är ätlig och god. Arten är dock sällsynt där den står på kalkrik grund invid ek, bok och lind från juli till september.

Gaffelkremla **

Russula heterophylla

Hatten är grönbrun till gulgrön eller mörkt grön med något ljusare kant. Den blir 8–14 cm bred, först välvd, sedan buktat utbredd med nedsänkt mitt. De vita skivorna är täta och smala, av olika längd samt gaffelgreniga. Svampen har vita sporer. Den kraftiga, vita foten blir 7–14 cm hög och inuti trapplikt kamrad. Med tiden kan den liksom skivorna få rostbruna fläckar. Köttet har mild lukt och smak.

Gaffelkremlan är mycket god. Den växer mindre allmänt i parker och lövskog nära ek och bok under augusti–september.

Brokkremla, ** mellankremla

Russula cyanoxantha

Brokkremlans hatt kan skifta i blekt grönt, violett eller rosa. Den har som ung ofta något mörkare, violettgrön ton. Formen är i början tydligt välvd men blir efter hand något ojämnt buktad med nedsänkt mitt. Hatten får en bredd av 8–14 cm. De blekvita skivorna är oliklånga, breda och något nedlöpande på foten. De delar upp sig gaffelgrenat, känns klibbiga och elastiska samt har vita sporer.

Foten är fylld (jfr den snarlika gaffelkremlan), fast och köttig. Den har vit färg men kan bli något violett mot basen. Höjden mäter 6–12 cm och tjockleken 1–2 cm. Det vita köttet har mild smak och lukt.

Brokkremlan är ätlig och god. Den förekommer mindre allmänt i blandskog, parker och hagar men kan, där den påträffas, uppträda i rikliga bestånd under augusti–september.

Duvkremlan eller **gulskiviga mellankremlan** ** (*R. grisea*) är något mindre och har gråskiftande hattfärg. Arten får gulvita skivor och sporer. Den är ätlig och god.

Azurkremla, * druvblå kremla

Russula azurea

Azurkremlan har en vackert blå hatt. Den är matt och fint vitpudrad eller daggig som en vindruva. Efter hand bleknar färgen något. Hatten blir 4–7 cm bred och får som utvuxen fårad kant. Formen blir välvd till utbredd. Skivorna är rent vita, liksom sporerna. Den vita foten blir 3–5 cm hög. Köttet, som är mjukt och bräckligt, har mild smak och lukt.

Azurkremlan är ätlig. Arten växer mindre allmänt i mossig barr- och blandskog under augusti–september.

Jodoformkremla *

Russula turci

Jodoformkremlans hatt är blå, ljust blålila eller rödlila med ofta urbleknande mitt. Den blir klibbig i väta och matt i torka och har något fårad kant. Bredden är 3–6 cm, och hatten ser liten ut i förhållande till foten. De mjuka, täta, tunna skivorna blir äggula av sporerna. Foten är vit och blir 5–8 cm hög. Den ger ofta ett något uppsvällt intryck och är mjuk och porös. Fotbasen har en lukt av jod. Det vita köttet smakar milt.

Jodoformkremlan är ätlig. Den växer allmänt, vissa år rikligt, i barrskog med tall under september–oktober.

Vinkremla **

Russula vinosa (R. obscura)

Hatten är färgad i vinrött eller rödblått med rosa kant och blir 7–12 cm bred. Den är slemmig i väta men får vacker sidenglans och finpudrad kant vid torr väderlek. Formen är först välvd med inböjd kant men blir småningom utbredd med skållikt fördjupad mitt. De först blekvita skivorna blir efter hand gräddfärgade av sporerna.

Foten är vit men grånar med tiden liksom hela svampen i övrigt. Den blir 6–10 cm hög, 1–2 cm bred och som äldre inuti luckert märgartad. Det vita köttet är fast och har mild lukt och smak.

Vinkremlan är en förträfflig matsvamp, som lämpar sig särskilt väl att blandas med smakstarkare arter. Märk väl att svampen är ätlig även om köttet grånat. Arten är allmänt förekommande under augusti–september och en prydnad för våra mossiga barr- och blandskogar – även fjällbjörkskog – eller lavrika hällmarker.

Tårkremla °

Russula sardonia

Tårkremlan är en ganska stor art. Hatten blir 5–10 cm bred och starkt färgad i purpurrött, violettrött eller rödblått. Den är matt och kan få något gråaktig skiftning och blir som äldre urblekt i färgen. Formen är välvd till utbredd med nedtryckt mitt. Hattens ockragula eller citrongula skivor löper ned en smula på foten; de blir oliklånga, något gaffelgrenade och i fuktigt väder tårstänkta. Sporerna är gulaktiga.

Foten har rödviolett till blåröd färg av samma intensitet som hatten. Den får grå ton, är hård och tät och blir 5–8 cm hög. Som ung kan den vara fint vitpudrad. Köttet har mycket fast konsistens och stöter i blekgult till gult. Det har en svag fruktlukt, men smaken är brännande skarp.

Tårkremlan är oätlig. Arten växer i barr- och blandskog, särskilt i tallskog. Den är ganska ovanlig, i synnerhet norrut, men kan påräffas i Syd- och Mellansverige under september–oktober.

Krusbärskremla °

Russula queletii

Denna art liknar något tårkremlan men avviker främst i fråga om lukten. Hatten är hos krusbärskremlan rödviolett, vinröd eller karminröd. Formen blir välvd till utbredd med nedsänkt mitt och bredden 4–7 cm. Skivorna är vita, oliklånga och nedlöpande. Några delar sig även gaffelgrenat. Sporpulvret är gulvitt.

Foten har hattens röda färg och blir 5–7 cm hög. Det vita köttet är i hatten liksom i foten tunt och bräckligt. Lukten påminner om krusbärskompott, medan smaken är brännande skarp. Svampen är oätlig.

Den prydliga krusbärskremlan förekommer tämligen allmänt i kalkrik barr- och blandskog. Den kan t ex påträffas i fuktigare partier med inslag av gran, men stundom även på torrare mark.

Storkremla *

Russula paludosa

Storkremlan är en praktfull art. Hatten blir vackert äppelröd men kan även ha rödbrun eller tegelröd färg med ibland urblekt mitt. Den får en bredd av 8–18 cm. Hatthuden är i fuktigt väder klibbig, i torka glänsande. Den unga hatten har välvd form, medan den utvuxna blir utbredd med nedsänkt mitt. De breda, vidfästade, medeltäta skivorna är först vita men blir småningom liksom sporerna gräddgula.

Foten mäter vanligen 14–16 cm i höjd men kan emellanåt bli 20 cm eller mer. Den är antingen helt vit eller, som ofta är fallet, mer eller mindre ljusrött färgad. Det vita svampköttet luktar obetydligt och har mild eller något skarp smak. Unga storkremlor är ätliga utan avkokning.

Den röda svampen är lätt synlig där den växer bland mossa i utkanten av ett skogskärr eller i tallmoarnas renlavstäcke. Arten förekommer allmänt under augusti–september.

Blodkremla °

Russula sanguinea

Hatten är blodröd till rosafärgad men blir ofta något urblekt. Den får välvd till utbredd form och en bredd av 5–10 cm. De först vitbleka, efter hand halmgula skivorna är oliklånga och tydligt gaffelgrenade. Foten blir mer eller mindre rödtonad på vit botten och 5–10 cm hög. Den är tät och kan som äldre få en grå skiftning. Köttet är vitt med blå ton. Det har en svag, syrlig eller ostartad lukt och smakar brännande skarpt.

Blodkremlan är oätlig. Den växer tämligen allmänt i kalkrik barrskog med främst tall under augusti–september.

Bleknande björkkremla °

Russula depallens
(R. pulchella)

Hatten är röd till rödvit och starkt utbleknande från mitten. Ofta har den endast en smal rödaktig bård runt kanten, medan den för övrigt är blekt grågul. Den blir först välvd, sedan utbredd och 5–9 cm bred. Skivorna avger ljust ockragula sporer. Foten är 4–6 cm hög, ganska grov och något tillspetsad mot basen. Det bleka köttet som grånar märkbart, smakar milt i foten men skarpt i skivorna. Bleknande björkkremla är oätlig. Den kalkgynnade arten växer nästan uteslutande invid björk och förekommer tämligen allmänt under juli–september.

Giftkremla °

Russula emetica

Giftkremlan har vanligen lysande klarröd till ljusröd färg men kan även stöta i blodrött eller scharlakansrött. Hatten blir 3–9 cm bred. Hatthuden är lätt avdragbar. Denna blir i regnväder slemmig och glänsande, medan den vid torr väderlek kan få ett vackert skimmer. Formen är hos den unga svampen något klocklik men blir snart välvd och slutligen utbredd med nedtryckt mitt. De snövita skivorna har alla samma längd och sitter medeltätt. Sporerna är vita.

Foten är likaledes snövit, ganska smal och 5–7 cm hög. Den har innerst något porösare vävnad. Det vita köttet är synnerligen tunt och bräckligt. Doften känns angenäm men smaken brännande skarp. Giftkremlan är oätlig.

Arten förekommer allmänt i våra barr- och blandskogar under augusti–oktober. Den växer gärna fuktigt och är med sin klara färg lätt att upptäcka bland björn- eller vitmossor i någon kärrkant.

Tegelkremla **

Russula decolorans

Tegelkremlans hatt är vackert färgad i orange eller tegelrött men kan ibland få en ljust gulröd ton. Formen är först halvklotlik, och den unga hatten erinrar något om en apelsinhalva. Fullt utvecklad blir formen välvd och slutlligen utbredd med nedsänkt mitt och fårad kant. Den lätt avdragbara hatthuden blir i väta klibbig. Bredden mäter 8–14 cm. Skivorna är tämligen täta och tunna samt bleka till gräddfärgade. De avger gulaktiga sporer.

Foten är vit men får snart, liksom svampen i sin helhet, grå ton. Den blir 7–12 cm hög, 1,5–2 cm tjock. Med tiden övergår köttet i fotens inre del till en ihålig, märgliknande cellvävnad. Svampens vita kött har mild lukt och smak. Tegelkremlan är ätlig och god även efter det att köttet grånat.

Arten hör till våra allmännare kremlor och växer i mossig barr- eller blandskog. Den förekommer särskilt rikligt i tallmoars och hällmarkers lavtäcke, som den även torra år lyser upp under juli–oktober.

Gulröd kremla *

Russula velenovskyi

Denna ganska vanliga art har röd eller tegelröd hatt med urblekt gulröd till gul mitt. Den är i väta klibbig, i torka glanslös och blir 3–7 cm bred. Formon är först välvd men blir sedan utbredd med nedsänkt mitt. Skivorna är glesa och först blekvita, varefter de antar en gräddgul eller ljust ockragul ton. Den 3–6 cm höga foten är vit, men kan nederst vara något rödtonad. Smaken är liksom doften mild, och svampen är ätlig. Gulröd kremla eller Velenovskys kremla växer tämligen allmänt i lövskog, ofta invid björk under juli–september.

Röd ekkremla °

Russula pseudointegra

Röda ekkremlan har matt cinnoberröd till ljust rosa hattfärg men kan få gulvit eller nästan vit mitt. Hatten är välvd till utbredd och blir 6–12 cm bred. Skivorna är i början helt vita men får småningom gräddgul till ljust ockragul färg. Foten är helt vit och mäter 4–10 cm i höjd. Det vita köttet känns i hela svampen påfallande hårt och fast. Lukten är obetydlig och smaken först mild, sedan skarp.

Röd ekkremla är oätlig. Den växer mindre allmänt i parker och lövskogar nära ek under augusti–september.

Lackkremla °

Russula rhodopoda

Hatten är lysande röd till purpurröd. Den får ofta glänsande hattyta och ser då ut att vara överdragen med röd lackfärg. Bredden är 5–9 cm och formen länge välvd för att slutligen bli utbredd. Skivorna är i början gulvita men blir med tiden gula. Foten har fint sammetsmatt yta och är vackert smultronröd. Den kan emellanåt ge ett flammigt intryck och blir 5–7 cm hög. Svampen har en svag fruktlukt och stark bitter smak.

Lackkremlan är oätlig. Den iögonfallande arten växer i gammal, mossig barrskog och påträffas gärna på något fuktig mark under augusti–oktober. Förekomsten är mindre allmän.

Skörkremla °

Russula fragilis

Hattfärgen varierar hos denna lilla kremla från vinrött till ljust rosenrött ofta uppblandat med fält av grönt, grönviolett eller vitt. Hattytan är kal och i väta klibbig och bredden 2–6 cm. Skivorna är vanligen rent vita. Foten blir 2–6 cm hög. Den är i regel vit och mycket bräcklig. Det spröda köttet har ost- eller fruktartad lukt och synnerligen skarp smak. Arten är oätlig. Skörkremlan är att betrakta som tämligen allmän. Den påträffas i löv- och barrskogar från juli till oktober.

Bokkremla °

Russula mairei

Hatten är vackert matt cinnoberröd till rosenröd, ofta med urblekta, vita fält. Den har påfallande fast konsistens, är till formen länge välvd med inböjd kant och blir 3–6 cm bred. Skivorna är rent vita men kan emellanåt ha en svag, grönaktig reflex. Den hårda, vita foten blir 2–4 cm hög och 1–1,5 cm tjock. Svampen har en svag fruktlukt, men smaken är brännande skarp. Bokkremlan är oätlig.

Arten förekommer allmänt och talrikt i Syd- och Mellansveriges bokskogar under augusti–september, och ger ofta effektfull kontrast mot de brunfärgade boklöven.

Pucklig kremla °

Russula caerulea

Hatten har vanligen dova färger i svartviolett eller violettbrunt. Den har i torrt väder glänsande, nästan "polerad" yta och blir 5–8 cm bred. I samtliga stadier pryds hattmitten av en iögonfallande spetspuckel. Skivorna är först bleka men blir sedan ljusgula och slutligen ockragula. Foten är rent vit och blir 4–8 cm hög. Svampen har svag fuktlukt och lätt skarp eller nästan mild smak. Pucklig kremla saknar större matvärde. Den växer mindre allmänt på magra tallmoar under juli–oktober.

Skarp sienakremla °

Russula versicolor

Hattfärgen varierar hos denna kremla alltifrån svartviolett till vinrött eller rosa ofta med blekt gula eller gröna fält. Ytan är något matt och bredden 2–6 cm. Skivorna blir gräddgula till ockragula. Foten är 2–6 cm hög och först vit men blir med tiden samt efter tumning karakteristiskt gul till gulbrun. Doften är föga framträdande men smaken är skarp. Svampen är oätlig. Skarp sienakremla förekommer hos oss tämligen allmänt invid björk från juli till september.

Sienakremla *

Russula puellaris

Hatten blir 3–6 cm bred och utpräglat fårad i kanten. Den kan som ung vara färgad i gulrött, rödbrunt eller violett med grön ton. Hattmitten är alltid mörkare än kanten. Med tiden övergår färgerna i en gul till gulbrun ton. Formen blir svagt välvd till utbredd med nedsänkt mitt.

Skivorna har liksom sporerna gräddgul färg. Foten är vit men blir snart, liksom hela svampen mer eller mindre sienagul. Höjd 3–6 cm. Det tunna köttet luktar och smakar milt. Den goda arten är allmän i barr- och blandskog under augusti–oktober.

Sillkremla ***

Russula xerampelina

Denna form av sillkremla har rödviolett hatt med svartröd mitt. Den är välvd till utbredd och 6–12 cm bred. De först vita skivorna får gul ton och mörknar slutligen. Sporerna är ljust ockragula. Foten är röd till rödviolett, 6–10 cm hög och något längsgående fårad.

Det vita köttet har mild smak och luktar skaldjur. Hela svampen får bruna fläckar vid tumning eller brytning.

Arten är läcker. Den förekommer i barrskog, blandskog eller parker och är inte ovanlig under augusti–september.

Sillkremla ***

Russula xerampelina

Sillkremlans hatt är vackert röd i olika nyanser. Färgen kan vara intensivt klarröd, matt purpurröd, rödblå eller brunröd och är ofta mörkare tonad mot mitten. Hattbredden varierar mellan 7 och 12 cm. Formen är välvd men blir småningom buktat utbredd, emellanåt med uppåtböjd kant. De medeltäta skivorna har ljust gul färg och avger blekt ockragula sporer.

Foten blir 4–8 cm hög och 2–3 cm tjock. Den har mer eller mindre röd ton på vit botten och är vanligen mest färgad mot basen. Hela svampen får vid tryck eller tumning bruna fläckar. Det vita köttet är tämligen mjukt och poröst och smakar milt. Doften påminner om kokta skaldjur eller sillake och kan, i synnerhet hos äldre exemplar, kännas mycket stark.

Sillkremlan är en läcker matsvamp. Den kan antingen stekas eller stuvas för sig eller tillsammans med andra arter. Anrättningen får en fin arom av hummer eller krabba.

Den tilltalande arten är allmän i våra marker och kan påträffas i löv- och blandskog likaväl som i utpräglad barrskog – formen på bilden är inte ovanlig i sandiga kalktallskogar. Under juli–oktober lönar det sig att söka efter sillkremlan.

Olivsillkremla ***

Russula elaeodes

Olivsillkremlan hör som namnet antyder till sillkremlornas färgrika grupp. Hatten är olivgrön med varierande skiftning i bruna eller gula toner. Den blir 6–12 cm bred. Formen är först välvd med tilltryckt mitt men blir sedan utbredd med nedsänkt mitt. Den har emellanåt uppvikt kant. Skivorna är bleka till gulaktiga och avger ljust ockragula sporer.

Foten blir 6–10 cm hög. Den är ofta vit men stöter ibland i gult eller rosa och kan hos äldre exemplar bli brungul. Hela svampen får, liksom det vita köttet, bruna fläckar vid tryck eller brytning. Smaken är mild och lukten erinrar om nykokta skaldjur.

Olivsillkremlan är läcker. Den förekommer tämligen allmänt i barr- och blandskog med björk och tall bland mossa eller renlav under augusti–oktober.

Guldkremla ***

Russula aurea (R. aurata)

Guldkremlan är en av släktets prydligaste arter. Hatten är flammig i lysande rödgula och guldgula färger. Den blir 5–10 cm bred. Den unga hatten är kullig med inböjd kant, får sedan välvd form och blir slutligen utbredd med fördjupad mitt. Hatthuden är vid fuktig väderlek klibbig och i torrt väder obetydligt glänsande. De ljusgula skivorna får iögonfallande guldgul till kromgul egg och avsöndrar ockragula sporer.

Foten har vit grundfärg men stöter mer eller mindre i ljust citrongult och blir 6–8 cm hög. Det vita, under hatthuden citrongula köttet är fast i hela svampen, särskilt hos yngre exemplar. Arten har mild lukt och utsökt smak.

Guldkremlan är en lika läcker som vacker matsvamp. Den står inte mandelkremlan efter och kan liksom denna med fördel ätas som råkost.

I kalkrika löv- och blandskogar, lundar och hagar växer guldkremlan från juli till slutet av september. Den trivs bäst under ek och hassel, där den påträffas mindre allmänt. Lokalt kan dock arten förekomma i rikliga bestånd.

Fagerkremla (*)

Russula lepida

Hatten kan vara karminröd, cinnoberröd eller ljusare rosenröd. Den har en torr, sammetsmatt yta och blir 5–10 cm bred. Formen är mer eller mindre välvd. Skivorna är först vita, sedan något gulaktiga och kan få röd egg. Sporerna är vita. Foten har hattens färg men ofta i en ljusare ton. Den blir 5–9 cm hög. Det vita, hårda köttet känns i foten nästan gummiartat. Smaken är först nästan mild men sedan kärv som cederträ. Fagerkremlan är ätlig efter avkokning. Den växer mindre allmänt i parker och lövskogar under augusti–september.

Mångfärgad kremla ***

Russula romellii

Hatten blir 10–18 cm bred med färger i rött, rödviolett eller gulgrönt. Ytan är klibbig i väta och formen välvd till utbredd med nedsänkt mitt. Kanten blir ofta mjukt buktad. De tunna, höga skivorna får gul färg och ger äggula sporer. Foten blir 6–10 cm hög, ganska tjock och får varierande inslag av rött. Köttet har fast konsistens och mild smak och lukt.

Mångfärgad kremla är en ypperlig matsvamp. Den är mindre allmän och växer i lövskog nära bok, ek och hassel under juli–september.

Kantkremla ***

Russula vesca

Kantkremlans hatt saknar klara färger. Den är vanligen köttröd med brun ton, ljust brunröd eller orent skärrosa. Hattytan blir klibbig i väta. Formen är mer eller mindre välvd och kanten oftast nedböjd. Bredden blir 6–10 cm. Hatthuden täcker inte hela hattytan utan slutar några millimeter från kanten, där det ljusa köttet blottas (se bilden). Kremlan har fått sitt namn av denna vita, fårade kant som hattköttet bildar tillsammans med skivornas yttersta del. Skivorna är rent vita men kan med tiden få bruna fläckar. De avger vita sporer och kan vid fuktig väderlek få klara vätskedroppar på eggen.

Den ytterligt hårda foten är vanligen helt vit men får emellanåt bruna fläckar och en svag nätådring. Den blir 4–6 cm hög och ofta något avsmalnande mot basen. Köttet är i hela svampen vitt och fast. Det har obetydlig lukt och mild, angenäm smak, något erinrande om nötter.

Kantkremlan är en läcker matsvamp. Den kan stekas eller stuvas, blandad eller för sig, och är utmärkt som råkost. Arten är ganska allmän och påträffas i löv- och blandskog. Den växer gärna längs skogsstigar och vid vägkanter, vanligen enstaka eller ett par stycken tillsammans, under juli–september.

Mandelkremla ***

Russula integra

Mandelkremlan hör till våra allra bästa matsvampar. Hatten har varierande färger från mörkt chokladbrunt till ljusare brunt, rödbrunt eller violettbrunt. Den är klibbig i väta och drar ofta med sig fastkletade förnadelar upp ur markytan. Hos unga kremlor blir hattformen kupig, medan den hos utvecklade exemplar blir välvd till utbredd med nedåtböjd, fårad kant. Bredden är 6–12 cm. Skivorna är påfallande glesa och tjocka. De sammanbinds sinsemellan av tvärgående låga åsar, s k anastomoser, vilka framträder tydligast närmast hattkanten. Skivornas färg är först vitaktig men blir av sporerna efter hand ockragul.

Foten är vanligen helt vit men kan i undantagsfall bli något rödtonad. Den blir 6–10 cm hög. Det hos yngre exemplar fasta köttet är rent vitt men får omedelbart under hatthuden en rödaktig ton. Lukten är mild och smaken påminner om mandel eller hasselnötter.

Mandelkremlan är läcker. Den kan med fördel stekas, stuvas eller ätas som råkost. Kremlan är också begärlig för skogens olika smågnagare.

Arten förekommer allmänt med gran i våra barr- och blandskogar och kan ge rikliga skördar under augusti–september.

Pepparkremla °

Russula badia

Arten skiljer sig från den snarlika mandelkremlan genom smaken och fotens färg. Pepparkremlans hatt är mörkt blodröd, purpurfärgad eller kastanjebrun med svartbrun mitt. Den har i väta klibbig hatthud. Formen är välvd till utbredd, och hatten blir 7–12 cm bred. Skivorna är tunnare än hos mandelkremlan och något tätare. De har först vitaktig ton men blir småningom ockragula av sporerna och kan emellanåt få röd egg.

Den hårda, vita foten blir 6–10 cm hög och oftast mer eller mindre rödflammig, i synnerhet vid basen. Köttet är oföränderligt vitt och fast. Det har en lukt som påminner om malen svartpeppar eller cederträ. Smaken är först mild men blir sedan brännande skarp och bedövar smaksinnet helt i flera minuter.

Pepparkremlan är oätlig. Den växer i barr- och blandskog med tall under september–oktober och är tämligen allmän.

Register

Latinska namn

Svenska namn